[美] 塞缪尔·格林加德（Samuel Greengard） 著
魏秉铎 译

VIRTUAL REALITY

虚拟现实

清華大學出版社
北京

内容简介

本书是一本关于扩展现实(包含虚拟现实、增强现实和混合现实)科普性质的读物。它运用大量生动的案例和浅显易懂的语句来清晰地讲述专业知识及应用。

本书包含7章内容。第1章介绍为什么增强现实和虚拟现实很重要。第2章着重介绍增强现实和虚拟现实的多种形态和形式。第3章探讨了真实背后的技术,包括显示技术、运动跟踪、力反馈等。第4章介绍如何让扩展现实成为现实。第5章着重探讨虚拟技术改变一切。第6章探讨扩展现实技术发展带来的道德、伦理、法律和社会后果。第7章畅想拥抱一个增强和虚拟的未来。

本书非常适合希望了解扩展现实技术的读者,通过概览扩展现实的精华知识,包括虚拟现实技术、增强现实技术、混合现实技术、行业应用、优秀产品、未来畅想等,帮助读者全面了解以虚拟现实为代表的扩展现实的过去、当下以及未来发展的可能。

北京市版权局著作权合同登记号 图字:01-2020-3847

First published in English under the title
Virtual Reality by Samuel Greengard

ISBN:9780262537520

图书在版编目(CIP)数据

虚拟现实/(美)塞缪尔·格林加德(Samuel Greengard)著;魏秉铎译.—北京:清华大学出版社,2021.4

书名原文:Virtual Reality
ISBN 978-7-302-57571-9

Ⅰ.①虚… Ⅱ.①塞… ②魏… Ⅲ.①虚拟现实—青少年读物 Ⅳ.①TP391.98-49

中国版本图书馆 CIP 数据核字(2021)第029883号

责任编辑:张 玥
封面设计:常雪影
责任校对:郝美丽
责任印制:沈 露

出版发行:清华大学出版社
网　址:http://www.tup.com.cn, http://www.wqbook.com
地　址:北京清华大学学研大厦A座　**邮　编**:100084
社 总 机:010-62770175　**邮　购**:010-83470235
投稿与读者服务:010-62776969, c-service@tup.tsinghua.edu.cn
质量反馈:010-62772015, zhiliang@tup.tsinghua.edu.cn
印 装 者:三河市君旺印务有限公司
经　销:全国新华书店
开　本:140mm×210mm　**印　张**:5.125　**字　数**:127千字
版　次:2021年4月第1版　**印　次**:2021年4月第1次印刷
定　价:59.00元

产品编号:085848-01

译　者　序

这本《虚拟现实》是“麻省理工学院出版社基础知识系列”丛书中的一本。作者塞缪尔·格林加德（Samuel Greengard）还完成过《物联网》一书，对于编写科技领域的基础书籍极具心得。这本《虚拟现实》很大一部分内容与类似书籍不同，它通过大量案例和最新应用深入浅出地把读者带入扩展现实技术（包括虚拟现实、增强现实和混合现实）的领域，不仅有对技术带来的变革的积极探讨，也关注新技术可能带来的问题和风险。这是一本真正对读者有益、值得阅读的书。

对于这本书，译者在不偏离原著题意内容的原则下，尽量运用通顺、流畅的文句来翻译，使读者的阅读没有生硬、吃力的感觉，就像阅读出于国人手笔的作品。书中有大量特定领域的专门应用，例如游戏、电影、文化和体育赛事等。为了帮助对文化和行业应用缺乏了解的读者流畅地阅读，在不改变原文叙事方式的情况下，译者用注释进行了说明。文中涉及大量专业概念及词汇，通过书籍最后的“相关词汇”进行了注解。

这本《虚拟现实》虽然是专业性较强的书籍，但并不是写给专门从事这一行业的人士的工具书。这是一本科普读物，书中引用的案例非常多，大多是商业上已经获得认可并具有较高行业知名度的案例和事件。所以，无论是想了解扩展现实世界还是想综合地认知扩展现实的应用，本书都是最好的指引。仔细品味之余，读者能更好地体会本书之博大精深。愿读者皆能有所受益，实为本书之最大意义。

译　者

2020 年夏

序　言

“麻省理工学院出版社基础知识系列”丛书是简洁易懂、制作精美的口袋大小的关于当前热点话题的丛书。该系列丛书均由著名思想家撰写，提供了从文化历史到科学技术的专业综述。在当今的即时信息时代，我们可以随时获得相关的观点、理论解释和浅显易懂的描述。相对较难获取的知识往往是指导着对世界原则性理解的相关基础知识，“麻省理工学院出版社基础知识系列”丛书满足了这一需求。为非专业人士综合性地介绍专门的主题内容，并通过基础知识由浅入深地探讨关键主题，每一本浓缩的小书都为读者提供了一个访问复杂思想和技术的入口。

布鲁斯·提多
生物工程和计算机科学教授
麻省理工学院出版社

致　谢

编写一本书的实际过程很艰难。《虚拟现实》这本书也不例外。很多人以不同的方式为这本书的完成做出了很多贡献。

我首先要感谢麻省理工学院出版社的执行编辑玛丽·鲁夫金·李，她与我联系撰写一本有关基本知识系列的书。在确定以“扩展现实技术”(译者注：包括虚拟现实、增强现实和混合现实)作为主题之前，我们反复探讨了多个想法。即使当我由于忙于研究复杂的技术概念，并在与专家详细访谈的重压下沮丧不堪的时候，我也从来没有后悔过完成这本书的这个决定。

我还要感谢一些帮助完成本书内容的人。埃森哲公司(Accenture)董事总经理彼得·苏和媒体关系专家汉娜·安克弗在2018年2月向我发出了参加埃森哲展示会的邀请。会议着重介绍了领先的虚拟现实、增强现实和混合现实系统及其应用。他们介绍我认识了几位该公司的主题专家，包括马克·卡雷尔-比利亚德、伊曼纽尔·维亚尔、玛丽·汉密尔顿和杰森·威尔士。这些主题专家提供了有助于构思本书方向的关键思想和概念。

我还要感谢南加州大学的艾伯特·里佐，他提供了宝贵的关于心理学、生理学以及虚拟现实对人类影响的见解，还有斯坦福大学的杰里米·贝伦森——一位虚拟现实领域的思想领袖，他提供了有关该主题的关键指导。还要感谢HaptX公司的创始人兼首席执行官杰克·鲁宾，该公司是一家位于虚拟现实系统开发前沿的公司。

当然,没有编辑就没有这本书。我想向麻省理工学院出版社的斯蒂芬妮·科恩致敬,她指导这本书的编辑直至完成。她非常善于合作,并且随时都准备回答和处理问题。我还要感谢麻省理工学院出版社的迈克尔·西姆斯的辛苦工作,他在校对稿件时发现了许多小错误和错别字。另外还要感谢四位匿名审稿人,他们提供了相关概念的宝贵反馈,并在此过程中发现了一些遗漏和错误。他们的意见和建议最终成就了一本更好的书。

还要感谢我的合作伙伴帕特丽夏·汉佩尔·瓦尔斯对虚拟和增强现实进行的不间断的讨论,并就书中出现的关键思想和概念提出了自己的想法。最后,向我的儿子埃文和亚历克致意,他们正在成长为聪明的青年人。他们俩现在都在上大学,并且开始认识到知识远不止于 YouTube 视频和维基百科的总信息量。

前　言

对于大多数人来说，站在几千英尺(1英尺=0.3048米)的深渊边缘是不敢尝试的。这种情形是一种无论如何都要尽量避免的可怕场景。但是这并不能改变我现在面临的实际情况：我必须走过一个狭窄的斜坡，登上一艘飞船，而且时间紧迫。此时此刻，我的精神状态是介于极度兴奋和极度恐惧之间的。我的心跳加速，一种恶心的感觉已经侵入我的胃部。我的大脑、眼睛和感官都告诉我，只要踏错一步，就会灰飞烟灭。所以我小心地迈出每一步，直到我成功地穿过狭窄的斜坡。当我进入太空飞船时，听到自己长长地松了一口气。

当然，我并没有站在真正的太空飞船上，也没有穿过真正的登机坡道。事实上，我离外太空还远着呢。我徜徉在一个名为“虚空”的沉浸式虚拟现实环境中，这个系统位于拉斯维加斯。在这里，游客穿上特制的背心和手套，戴上虚拟现实头显，进入全息甲板冒险(一种混合了真实和虚拟现实的环境)。我刚刚参加了一场名为“帝国机密”的星球大战。一旦进入这个空间，全息甲板上光秃秃的墙壁、地板和天花板就会变成宇宙飞船。而我则成为《星球大战》电影的参与者。在三维世界里，我可以感受到温度和振动，可以闻到潮湿的空气和烟雾，听到战斗的声音，并使用我的质子冲击器、激光枪一举歼灭敌人。

这大约20分钟的体验时而令人兴奋，时而令人惊恐万分。然而，在整个冒险过程中的感觉是完全令人信服的。“虚空”与我所体验过的任何形式的娱乐方式都不同。它对于虚拟现实的重要性就好比录音对于音乐或智能手机对于通信的重要性。空间将现实与幻想无缝地交织在一起，将娱乐的边界推进到一个新的前沿。忘掉电视、电脑和电影带来的平面和二维的体验吧！这个逼真的世界让人感觉似乎完全是真实的。“虚空”的网站将这种环境描述为“超现实主义”。

“虚空”这项产品代表了虚拟现实(virtual reality，VR)，增强现实(augmented reality，AR)和混合现实(mixed reality，MR)的巨大浪潮前沿。在世界各地的家庭房间、办公室和实验室里，人们正在使用特殊的目镜或头戴式显示系统，包括触觉手套等其他设备进入一个令人信服地模拟我们现实世界的由计算机生成的全新世界。此外，很多人正在开始尝试增强现实眼镜和智能手机应用程序，以新的、有趣的方式查看数据、图形和图像。而所有这些功能可根据需要，通过按钮或语音命令就能获得。

可以肯定的是，经过几十年的宣传，有时甚至是令人窒息的预言，扩展现实正在形成。Zion 市场研究公司估计，虚拟现实的总市场将从 2016 年的 22 亿美元迅速扩张到 2022 年的 268.9 亿美元。[1] 市场研究公司 ARtillry Intelligence 的调研结果显示，到 2022 年，增强现实市场将达到 188 亿美元。[2] 然而，这些技术也在重塑商业。进入增强现实市场的公司数量正以每年约 50% 的速度增长。[3] ARtillry 的报告称，2022 年全球扩展现实总收入将达到 610 亿美元。[2]

然而，这并不是一个简单的数字和市场接受度的故事。斯坦福大学虚拟人交互实验室的创始主任、交流学教授杰里米·贝伦森表示，这些技术对人的心理和社会都有重大影响。[4] 人一旦踏入虚拟世界，很多事情就会发生变化。“虚拟现实带走了所有与人交流的细小点滴，带走了所有的复杂过程，让你真地感觉就像和某人在一起。这些忽视掉的过程包括你可以看到的和你交流的人的情绪，看到他们的手势，就像你和他们在一个房间的感觉，这些感觉被我们称为‘社交’。它需要一些通常被视为不带感情和距离感的东西，让人觉得有人就在你身边。”

贝伦森的结论难以反驳。当我戴上 Oculus Go 头盔时，现实发生了变化。我可以游览意大利威尼斯的运河，转头欣赏船、人和建筑物，就好像我真地在乘坐平底船一样。我可以登上国际空间站，了解不同的模块和设备，并观察空间站下面的地球。我可以沉浸在梦幻世界和游戏中，甚至可以感觉就像在职业篮球比赛中。可能看到勒布朗·詹姆斯扣篮或者斯蒂芬·库里投下三分球，就好像我真地在场一样。即使是现在超高清体验感的最先进的电视也无法复制这种感觉。

增强现实眼镜也改变了我看世界的方式。通过使用增强现实眼镜，可以用视觉和听觉的形式呈现接收到的数据和信息，这比任何笔记本电脑或智能手机都更有用、更具关联性，也更精炼优雅。这时，我可以在安装电灯开关的同时观看演示如何安装的帮助视频。由于增强现实眼镜解放了双手，安装变得容易多了。整个过程不需要在使用智能手机播放帮助视频和使用工具之间来回切换。这就是为什么建筑师、工程师、科学家、保险代理人和无数相关的人开始使用人工现实眼镜来处理大量工作的原因。

还有混合现实，指的是介于虚拟现实和增强现实之间的世界。在这个空间中，头戴式显示系统投射出一个虚拟世界，但在虚拟体验中包含了真实的现实对象。或者它把这些现实对象转变成不同的物品，正如在“虚空”游戏中发生的事情。全息甲板上的一扇普通门变成进入太空船的精密控制面板。房间中实际存在的扶手或座椅也会出现在虚拟世界中。基本上，现实世界的物体和虚拟物体一起出现在一个“混合”的现实中。

触觉技术与虚拟现实和增强现实技术的交叉进一步提高了效能。2018 年初，全球专业服务公司埃森哲在旧金山举办了一场技术展示会，会上我戴上了最先进的触觉手套，同时还体验了 HTC Vive 头戴式显示器。HaptX 触觉手套有点大，有点笨重，看起来像一只机器手，但当我进入虚拟空间后，手套就变得看不见了。突然间，我能感觉到包括动物、麦秆和云等各种物体。当我用手指拨开云时，我能感觉到雨滴落在我指尖。当我拿起一块石头时，我能感觉到它的形状和质地。进入这个奇异的、充满活力的世界的探险体验与我之前经历过的任何体验都完全不同。

尽管数十年来，各种形式的虚拟现实和增强现实已经出现在书籍和电影中，而关于它们将如何发挥作用的愿景也在不断发展变化。2018 年，史蒂文·斯皮尔伯格的电影《头号玩家》上映。电影设定在 2045 年，地球上的人类生活受到严重环境变化的威胁，这引发了全球能源危机、饥荒、疾病、贫困和战争。电影根据 2011 年同名科幻小说改编，讲述了主人公韦德·瓦茨与数百万寻求巨额奖金的玩家一起逃离现实世界，进入虚拟游戏世界的故事。

然而，我们不能假设扩展现实是一个通往乌托邦的虚拟之门。围绕着道德、伦理、合法性和社会问题，一直存在着无数隐忧。更重要的是一个基本问题，即扩展现实技术是否真给我们的生活带来了纯粹的改善，还是仅仅代表了一种更快或更令人身心愉悦的方式。我发现，如果我戴着头戴式显示器超过 45 分钟，就会开始感到孤独和焦虑。我想知道，当我们与家人和朋友聚在一起（通常是各自摆弄手机，每个人都几乎不说话）转变为各自戴着头戴式显示器时，事情会如何发展。在这个情形下，看电影或参加游戏失去了人与人之间直接的身体联系，只是一群人在各自分开的空间里一起做一些事情。每个人都被孤立在自己的虚拟现实世界中。

随着社会引入虚拟技术，连接起现实和数字领域，一些重要的问题也需要思考一下。扩展现实会创造一个更美好的世界吗？它会对整个社会有益吗？或者，扩展现实仅仅会为少数赢家（尤其是那些有效构建或使用这些系统的公司和个人）带来经济收益吗？

这本书考量了三种类型的扩展现实技术（增强现实、虚拟现实和混合现实）是如何对我们周围的世界产生影响，以及它们是如何定位来改变未来的。我们将了解这些技术的历史、这一领域的最新研究，以及它们如何随着我们的新闻、娱乐等消费方式重塑各种职业和行业。我们将探讨扩展现实对心理学、道德、法律和社会建构的影响。最后，我们将推测虚拟未来将如何形成。有一点很清楚：虚拟现实、增强现实和混合现实已经从利基技术（译者注：指技术具有潜力，但属于小众化范围，通常被归入游戏）发展到主流平台，这些技术正在从根本上改变我们对计算的看法和使用设备的方式。

扩展现实技术出现在机场、学校、车辆、电视体育广播、医疗办公室和家庭中。零售商通过智能手机应用程序，让消费者可以预览房子墙壁上刷上各种不同油漆颜色或客厅里摆放上沙发的样子。还有沉浸式的三维电影和正在寻找创建虚拟现实教堂的牧师。不用怀疑，能限制扩展现实可能性的只有我们的想象力。

进入扩展现实的旅程才刚刚开始。

目　录

1

为什么增强现实和虚拟现实很重要

1.1 现实世界和数字世界的碰撞

观念的变革并不新鲜。几个世纪以来，艺术家、发明家和魔术师们制造出众多精彩的幻象作品，欺骗人们的眼睛和大脑。霍华德·莱因戈尔德在他1991年的开创性著作《虚拟现实：计算机生成的人工世界的革命性技术，以及它如何有望改变世界》中指出，第一个留存下来的扩展现实作品很可能是洞穴绘画或岩画。事实如此，人类在岩壁上绘画了很多野牛、剑齿虎和人的形象。

后来，平面艺术家开始尝试视觉错觉的作品。1870年，德国生理学家卢迪马尔·赫尔曼在黑色背景上画了一个白色网格。当人眼扫过图片，交叉点基本上是从白色到灰色来回变化(图1.1)。20世纪20年代，荷兰的艺术家莫里茨·柯内里斯·埃舍尔绘制了一些物理上不可能出现的画作，比如向山上流动的水，他的艺术作品到今天仍然很受欢迎。

赫尔曼、埃舍尔，还有许多其他人都清楚，人的大脑可以被欺骗，去相信或者看到那些不存在或不一定有逻辑意义的东西，正确的刺激和感知输入会使他们的作品看起来似乎和现实一样真实可信，甚至可以改变人们看待现实的方式。早在19世纪30年代，发明家就开始对立体镜进行改进，这种立体镜利用光学、镜面和一对

图 1.1 赫尔曼网格是由生理学家卢迪马尔·赫尔曼创建的。当一个观察者看到任何一个给定的点时,它就会变成白色。然而,当一个人把视线从一个点移开时,它会在白色和灰色之间转换。来源:维基百科

透镜来产生物体的三维视图。1939 年,View Master 公司推出了一款手持式立体观察器,从而将立体镜概念商业化(极具讽刺意味的是,该公司现在正尝试用头戴设备和特定的软件进入到虚拟现实领域),系统展示了从大峡谷到法国巴黎的世界各地的三维图像。[1] 它依靠硬纸板和一对嵌入照片的彩色图像来产生更真实的身临其境的感觉。(译者注:View-Master 是三维魔景机。2015 年美泰公司完全重新设计了 View-Master 2.0 产品,使其成为当时最好的谷歌 VR 纸板产品之一。)

虚拟现实创造了一种人身处异地的假象。这也许是一次与分散在全球各地的商业伙伴的会面,也可能是从飞机上跳伞,坐过山车,或者在意大利威尼斯的运河中航行。

然而，直到数字计算的出现，扩展现实的概念才开始以我们现在的认知出现。由各种数字组件和软件组成的计算系统提供真实可信的图像、声音、触觉和其他感知元素，这些元素改变了我们体验现有现实事物的方式或创建完全想象出的但看起来像现实的世界。不管怎样，扩展现实技术可以让我们超越真实世界的局限，探索过去只有想象才能去到的地方。

今天，增强现实和虚拟现实，以及混合现实同时融合了真实世界的元素和虚拟或增强的特征，出现在各种场合。它们出现在电影、游戏机、智能手机、汽车、眼镜和头戴式显示器上。伴随着一点、一敲、一瞥之间，它们正在改变着我们周围的世界。数字技术的融合，加上计算机能力和人工智能（AI）的显著进步，正把增强现实和虚拟现实带入一个全新的、未知的领域。

智能手机应用使用摄像头和 AR 技术来识别实体，可以实现很多功能：在屏幕上显示名称、标签和其他相关信息；处理实时语言翻译；显示人身上画上化妆品或模拟穿上衣服的样子；甚至还可以看到葡萄酒标签上的动画画面[2]；还可以让用户选择特定的家具或不同的配色方案来展示房间装修配饰[3]。

与此同时，虚拟现实也出现在游戏、研究实验室和工业环境中，在这些应用环境中使用头戴式显示器、音频输入、触觉反馈手套和其他感官交互工具来产生超逼真的沉浸感。在未来十年及以后，这些系统将改变无数的工作、流程和行业，还将通过“临场感”和“接近感”戏剧性地改变人们之间的互动。“临场感”是当人们与环境物理分离时，让他们感到“在场”的系统。后者围绕着这样一个概念：人可以在一个地方，该处独立于他的身体存在[4]。

也许这种感觉是一次与分散在全球各地的商界同仁的会面，或者是从飞机上跳伞，坐过山车，或者在湍急的河流中漂流。但虚拟现实不仅仅只是在不同的地点或时间的幻觉体验。这些虚拟世界中还可以融合虚拟实体对象，模拟真实世界中的对象或只能由计算机识别的对象,包括触发某些事件的数字指令。例如,当某个特定的自动操作发生时,或者某个虚拟对象以某种方式被使用时,一个人可能会使用比特币等数字货币购买某件东西或获得报酬。

接下来,让我们定义在本书中将遇到的关键术语。《韦氏词典》将增强现实描述为"是通过使用技术将数字信息叠加在通过设备(如智能手机摄像头)观看的物体的图像上,从而创建的增强版现实"。[5]需要注意的是,这一过程是实时进行的。该书将虚拟现实定义为"通过计算机提供的感官刺激(如视觉和声音)体验的人工环境,在这种环境中,人的行为部分地决定了环境中发生的事情"。[6] 相比之下,混合现实是"将真实世界的物体和虚拟物体放在虚拟空间中,或者放在 AR 眼镜上"。这可能意味着在一个真实的客厅里投射一只虚拟的狗,里面有真正的家具,它们可以通过智能手机或眼镜看到。或者可能意味着把一只真正的狗投射到一个虚拟的世界,里面充满了真实和虚构的物体。增强现实和混合现实的概念比较接近,有时甚至是相同的。从基本定义上讲,通常将增强现实视为补充现实,将其视为现实和虚拟事物的混合体。

扩展现实技术有多种形式。虚拟现实可以包含非沉浸式空间应用,如只有部分感官受到刺激环绕的 LCD 面板;包含半沉浸式空间,如将房间中的真实元素和虚拟元素结合在一起的飞行模拟器;包含完全沉浸式的模拟,即将真实世界隔绝在外面。显然,完全沉浸的模拟能产生更真实、更吸引人的体验,但它也需要复杂的硬件和软件来产生高质量的感官体验。沉浸式虚拟现实通常包括头戴式显示器和其他输入输出设备,例如触觉手套等。

区分扩展现实的一种方法是将虚拟现实视为身临其境的体验,而增强现实是一种虚实互补的体验。当虚拟现实和虚拟现实的元素与现实世界重叠时,就产生了 SnapChat 和 Facebook 等应用程序和已经在使用虚拟现实、增强现实和混合现实应用的

PlayStation 和 Xbox 等游戏平台。在未来几年中，扩展现实将进一步扩展数字交互技术。这些技术将把屏幕上显示的静态二维内容转换成逼真的，有时甚至是栩栩如生的三维展示。此外，混合现实技术将与其他数字技术不断交叉融合，不断产生全新的特征、功能和应用环境。

扩展现实将深刻改变我们与周围世界其他人的联系方式。《创》《割草者》《少数派报告》《黑客帝国》和《钢铁侠》等电影中的内容将可能变为现实，至少是可以想象得到的未来。在未来，各种形式的扩展现实将把我们带到不需二维屏幕，无论多么复杂精巧，都能显示和体验的全新领域。正如埃森哲实验室全球高级董事总经理马克·卡雷尔-比利亚德所言："人脑可以链接到三维空间来捕捉事件。扩展现实进一步弥合了人类和计算机之间的鸿沟。"

埃森哲实验室全球高级董事总经理马克·卡雷尔-比利亚德说："人脑可以链接到三维空间来捕捉事件。扩展现实进一步弥合了人类和计算机之间的鸿沟。"

1.2 扩展现实的诞生

通往现代增强现实和虚拟现实的道路经历了许多曲折。18 世纪 80 年代，爱尔兰出生的画家罗伯特·巴克开始尝试创造更具沉浸体验的作品。莱斯特广场全景图（图 1.2 所示为莱斯特广场圆形大厅的横截面）是全景这一概念的第一次盛大展示，展览于 1793 年在伦敦开幕，有 10000 平方英尺（1 平方英尺＝0.092903 平方米）的全景图和 2700 平方英尺的小全景图。[7] 全景图被评为一个具有全新的革命性的创意。到 19 世纪早期，更多艺术家开始创作精美的 360°全景图，为各种场景（包括战争、风景和著名的地标）提供更真实的“虚拟”感官体验。

1822 年,两位法国艺术家路易·达盖尔和查尔斯·玛丽·鲍顿推出了一种新的创意：透景画。[8] 他们最初的想法是在屏幕或背景的两侧都绘制内容。当光源从前面变为后面或侧面时,场景会出现不同的效果。例如,白天的场景会变成晚上,或者火车会出现在铁轨上,看起来像是撞车了。如今,博物馆里仍然使用透视图来表现自然景色。例如,一个背景可以是坦桑尼亚的塞伦盖蒂,前景中有一头狮子和斑马,还有看起来很逼真的植物。环境融合在一起,创造出一种真实存在的三维错觉。

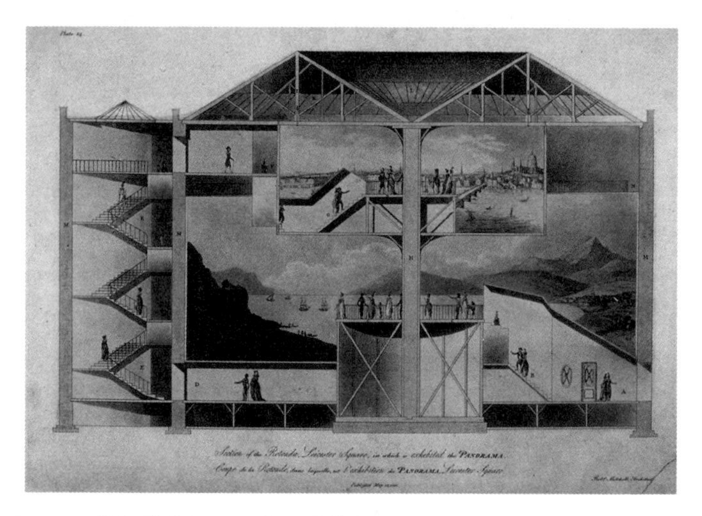

图 1.2　莱斯特广场圆形大厅的横截面,这是第一幅也是最精致的全景图之一。罗伯特·米切尔创作。来源：维基百科

1932 年,奥尔德斯·赫胥黎在小说《美丽新世界》中引入了一种电影的概念,这种电影可以提供感知刺激,或者通过“感觉交互”来改变场景。1935 年,科幻小说作家斯坦利·G.韦恩鲍姆以更为具象和现代的方式进一步拓展了这个概念。在名为“皮格马利翁的眼镜”[9] 的故事中,他提出了一个戴着可以创造出一个虚构世界

的头戴设备的人的概念。故事中的主角丹·伯克遇到了一位名叫阿尔伯特·路德维希的发明家,他发明了一种能够产生包括图像、气味、味觉和触觉等真实虚拟体验的"魔法眼镜"。

"皮格马利翁的眼镜"可能是世界上第一个数字爱情故事。故事始于伯克的一句话:"但现实是什么?"路德维希回答说:"一切都是梦想,一切都是幻觉,我是你的幻觉,就像你是我的一样。"路德维希为伯克提供了一种超越视觉和听觉的沉浸体验。"如果你对这个故事感兴趣的话,现在加上味觉、嗅觉,甚至触觉。假设我让你在故事里,你和影子说话,影子回答你,而不是屏幕上的字幕,故事是关于你的,你就在故事之中。那会让你梦想成真吗?"

这个故事中假想的眼镜提供了完整的感官体验,包括视觉、听觉、嗅觉和味觉。路德维希解释说,当一个人全神贯注时,"大脑提供"触觉。韦恩鲍姆形容这种眼镜是"一种隐约让人想起防毒面具的装置——有一个护目镜和一个橡皮话筒"。在故事的最后,伯克进入了一个虚构的世界,里面到处是森林,还有一个名叫葛拉蒂的美丽女人。然而,这个诡异难以捉摸的世界就像一场梦一样消失了,让他对想象中的女人充满了无限遐想。"他终于明白了葛拉蒂这个名字的含义。在古希腊神话中,葛拉蒂被维纳斯赋予生命。而他的葛拉蒂虽然温暖、可爱、充满活力,但他既不是皮格马利翁,也不是上帝,葛拉蒂永远无法被赋予生命。"

当作家韦恩鲍姆在书中创造出关于虚拟世界可能的形态和感受的各种疯狂想法时,发明家们已经在开始创造电子产品,这些产品将成为当今增强现实和虚拟现实设备的起源。1929 年,爱德华·林克推出了 Link Trainer,这是飞行模拟器的原始版本。[10] 1945 年,塞尔玛·麦考伦申请了第一台立体电视专利。[11]之后,1962 年 8 月 28 日,哲学家、电影制作人和发明家莫顿·海利格推出了名为 Sensorama 模拟器的设备,称为"体验剧场",它将虚拟世界的概念转变为可以由机械设备产生的体验(图 1.3)。[12]

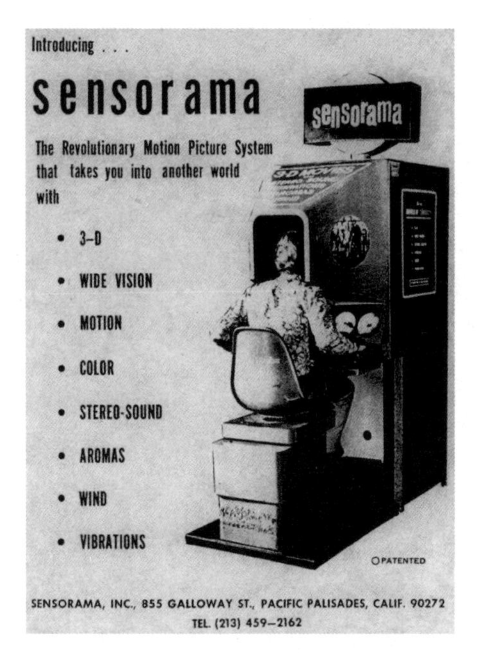

图 1.3　Sensorama 代表了创建多传感器虚拟现实环境的第一次尝试。来源：维基百科

海利格实际上在 1957 年就发明了与 Sensorama 相关的电影放映机和 3D 电影摄影机。[13]但在 1960 年,他添加了一个组件,该组件将多个技术转化为一个协同工作系统。面罩是一种头戴式显示器,它能产生立体图像、宽幅视野和立体声(图 1.4)。四年后,海利格向美国专利局提交了一系列图纸和注释。“体验剧场”的体验需要人坐在椅子上,头伸入产生虚拟环境的装置中。除了呈现投射到“面罩”上的三维影像,“体验剧场”还提供气流、气味、立体声以及多种类型的振动、摇晃和其他运动。海利格为“体验剧场”创作了五部以三维动画的形式播放的短片。

“体验剧场”是一个大胆但未能推广的创意。海利格成功地超

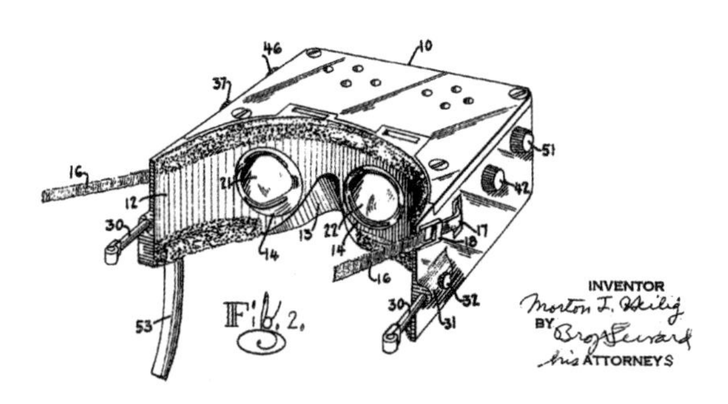

图 1.4 由莫顿·海利格发明的早期头戴式显示器,专利是于 1957 年申请的。来源:维基百科

越了以往使用了多个投影仪和其他设备却只能提供 30%~40%视野的努力。海利格在原始专利申请中写道:“本发明旨在刺激人的感官,真实地模拟实际的体验,越来越多的人需要培训和训练设备的使用方式与方法,但不需要实际地去承担这种训练面临的可能危险环境的影响。”他还指出,总的目标是“制造一种装置,该装置通过提供多种感官的刺激带来沉浸所需的体验和感受”。

随后,1961 年,世界上第一个头戴式显示器出现了。电子和电视制造商 Philco 公司开始探索一种头戴设备的显示方案,该头戴式显示器将使用遥控闭路视频系统显示逼真的图像。这个名为 Philco Headsight 的系统[14]依靠头部的运动跟踪来监测人的运动和反应,并相应地调整显示内容。很快,包括贝尔直升机公司在内的其他公司开始研究使用头戴式显示器和红外摄像机来实现夜视增强效果。这个增强现实工具的目标是帮助军事飞行员在有难度的条件下起降飞机。

在同一时期,计算机图形学开始快速发展。1962 年,伊凡·爱德华·萨瑟兰在麻省理工学院开发了一个名为“草图板”(Sketchpad)的软件程序,又被称为机器人绘图员。[15]它引入了世界上第一个图形用户界面,运行在 CRT 显示器上,使用光笔和控制板来实现交互。这项技术后来被应用到个人计算机上,催生了计算机辅助设计(CAD)。草图板的面向对象和三维计算机建模的概念帮助设计师和艺术家实现栩栩如生的视觉交互表现。尽管将草图板和 XR 技术联系起来还需要一段过程,但萨瑟兰的发明还是极具开创性的。(译者注:萨瑟兰于 1988 年获得图灵奖,2012 年获得京都奖。他开创了人机界面的先河,被称为计算机图形学之父。)

萨瑟兰的贡献不止于此。1965 年,在哈佛大学担任副教授时,他写了一篇关于增强和虚拟现实的开创性论文,成为后来虚拟现实研究的基础。他写道:“我们生活在一个物质的世界,其特性通过长期地接触就能了解。我们所感知的自身同物理世界的关系,让我们有能力来很好地预测这一世界的特性。举例来说,我们可以预测出物体将要落到的地方,预测出熟知的图形从不同的角度所看到的样子,预测出使物体克服摩擦力运动起来所需要的推力的大小。”(我们对真实世界的细微处却很陌生,比如,对作用在电荷上的力、非均匀场中的力、非投影几何变换的效果、低摩擦的运动等,我们几乎完全不了解。然而,我们现在可以通过计算机技术来感知这些日常无法感知的东西。)萨瑟兰设想:“终极的显示可以显示一个房间,电脑可以控制房间中一切东西的存在,显示在这间房间中的椅子可以逼真到似乎你可以上去坐坐。显示出的手铐简直可以铐人,子弹好像能置人于死地”。“只要用适当的程序,这样一种显示可能创造出文学上爱丽丝漫游的奇境”。这一电脑上的“奇境”就是我们现在熟悉的“虚拟现实”。[16](译者注:发表于 1965 年的《终极的显示》是当下整个虚拟和增强现实技术的原爆点。)

1968 年,扩展现实迎来了一次巨大的飞跃。萨瑟兰和学生鲍勃·斯普罗尔一起发明了一种叫作达摩克利斯之剑(图 1.5)的装置。[17]头戴式显示器连接到悬挂在天花板上的设备上,将计算机生成的图形传输到特殊的立体眼镜上。该系统可以跟踪用户头部和

眼睛的运动,并应用专门的软件对图像进行优化调整。虽然还有很多不完善之处,但是达摩克利斯之剑标志着头戴式虚拟现实设备与头部位置追踪系统的诞生,为现今的虚拟技术奠定了坚实基础。(译者注:达摩克利斯之剑已经具备了现代虚拟现实头戴式显示器的基本要素:立体显示,即用两个一寸的CTR显示器显示出有深度的立体画面;虚拟画面生成,即图像实时计算渲染立方体的边缘角度变化;头部位置追踪,即机械连杆和超声波检测;模型生成,即通过空间点使立体图像可以随着人的视角而变化。)

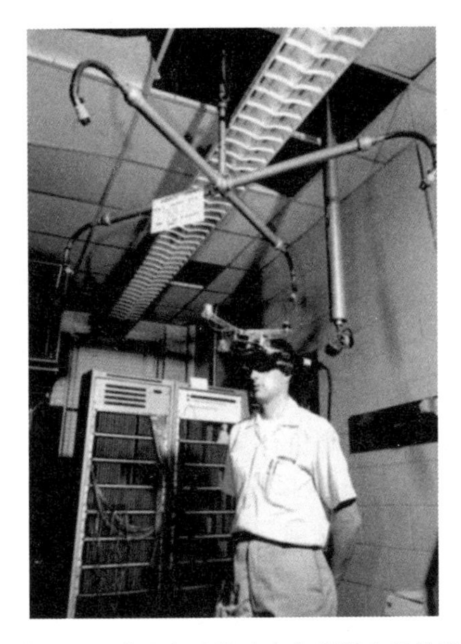

图1.5 萨瑟兰及学生发明的达摩克利斯之剑推进了头戴式显示器的概念形成。来源:维基百科

经过十数年研究,莫顿·海利格再一次推动了虚拟现实的进程。1969年,他申请了"体验剧场"的专利,[18]这是一个更复杂版本的传感器模拟器。它由一个大的半球形屏幕的电影影院组成,屏幕上显示3D电影,椅子上都装有扬声器。该系统包括图像、定向声音、香味、风、温度变化和可以倾斜的座椅。他在 1969 年 9 月 30 日提交的美国专利局 3469837 号文件中写道："本发明涉及一种改进的电影或电视娱乐形式，在这种形式的系统中，观众能够真实地体验到电影中描绘的环境的一部分，感受到电影中描绘的环境做出实际反应的效果或幻觉。"[19]

各种研究人员们不断探索和推进着相关技术。1981 年，当时还是高中生的史蒂夫·曼(译者注：史蒂夫·曼是可穿戴计算之父)将一个 8 位的 6502 微处理器(与苹果Ⅱ个人电脑中使用的芯片相同)放在背包中，并增加了摄影设备和一个头戴式相机，创造了一种可穿戴的计算机。这套设备不仅能捕捉到物理环境的图像，还能将计算机生成的图像叠加到场景中。名为 EyeTap 的设备允许用户一只眼睛盯着物理环境，另一只眼睛看着虚拟环境。史蒂夫·曼后来成为麻省理工学院媒体实验室可穿戴计算小组的核心成员。

随后的 10 年里，围绕扩展现实的技术有了长足的进步。研究人员不断开发出更先进的数字技术，产生出更复杂的增强现实和虚拟现实系统。头戴式设备开始缩小为 AR 护目镜和眼镜，设计师和工程师开始将一系列组件集成到增强现实和虚拟现实系统中。这些设备包括按钮、触摸板、语音识别、手势识别和其他控制交互工具，包括眼睛跟踪和脑—机接口。1990 年，波音公司的研究人员汤姆·考德尔创造了"增强现实"这个词来描述融合了虚拟图形和物理现实的专用显示设备。

到 20 世纪末，1998 年，AR 技术首次在电视上亮相。当时电视台在橄榄球联赛的电视转播上使用"增强现实"技术，将得分线叠加到屏幕中的球场上。两年后，日本奈良科学技术研究所的研究员加藤浩推出了 AR Toolkit，通过视频跟踪技术将 3D 计算机图形叠加到摄像机图像上。这个开源的系统至今仍在包括 Web 浏览器等应用环境中广泛使用。随后 10 年间，AR 开始出现在汽

车上，跑车和高端豪华车将车速等信息投射到挡风玻璃上，轻松避免驾驶员把目光从道路上移开而往下看仪表盘。今天，AR 技术出现在从玩具到照相机，从智能手机到工业机械的众多的产品中。

“虚拟现实”一词也出现在这段时间的日常生活中。曾在游戏公司 Atari 工作过的计算机科学家杰伦·拉尼尔（译者注：杰伦·拉尼尔被称为虚拟现实之父）于 1987 年开始推广这一概念。他的创业公司 VPL Research 生产的虚拟现实组件代表了第一个商业化的虚拟现实产品，该产品包括手套、音响系统、头戴式显示器和实时 3D 渲染组件。拉尼尔还创造了可视化编程语言，用于控制各种组件，并将它们组合成更完整的虚拟现实体验。与此同时，计算机艺术家米隆·克鲁格开始尝试在个人空间中结合视频和音频投影的系统，而著名的鼠标发明者道格拉斯·恩格尔巴特开始开发更先进的嵌入式设备和接口，这些设备和接口被当今许多增强现实和虚拟现实系统广泛使用。

1.3 沉浸技术应运而生

第一个真正的沉浸式虚拟空间是由芝加哥伊利诺伊大学一个跨功能研究实验室，即电子可视化实验室（EVL）的一组研究人员制造的。1992 年，卡罗莱纳·克鲁兹·内拉、丹尼尔·J.桑丁和托马斯·A.德芬蒂展示了洞穴式自动虚拟环境（Cave Automatic Virtual Environment，CAVE）。[20]它提供了一种更真实的虚拟现实体验，包括一个允许人进入的、四周都是显示屏的房间。该系统包括了后投影屏幕、向下投影系统和底部投影系统，以在物理空间中产生包围的真实感。戴着 3D 眼镜站在 CAVE 系统里的人可以看到在房间里飘浮和移动的物体。

CAVE 旨在解决一个基本的难题：早期的头戴式显示器体

积庞大,存在着科学和工程等应用上重大的实际使用局限。这项技术的第一代集成了电磁传感器来实现运动跟踪。后来的版本采用了红外技术。运动捕捉软件通过捕捉嵌入数据来跟踪运动,并不断地调整和适应运动。CAVE 投影系统确保内容始终与动作同步,以便每个人都能看到正确的图像。房间里还配备了几十个扬声器组成的立体声系统。结果是这些设备一起创造出了一个沉浸式的虚拟空间,同时允许用户在这个空间内操纵和管理三维对象。

CAVE 的早期版本意义重大,因为它们使 XR 更接近今天的便携和移动系统。事实上,CAVE 的概念很快流行起来。1994 年,美国国家超级计算应用中心(NCSA)开发了第二代 CAVE 系统,使研究人员能够探索虚拟现实在各个领域的应用,包括建筑、教育、工程、游戏、数学和信息可视化领域。使用 CAVE 系统,汽车设计师可以研究原型车的内部情况,并深入了解如何以及在哪里放置控制装置。工程师可以在一座高层建筑建成前查看它的内部情况,而科学家可以窥视分子或生物系统的内部结构。

如今,从设计公司到工程公司乃至制药公司,还有许多大学和私营公司都在运行 CAVE 系统。这些系统配备了高清投影系统,使用最先进的图形技术来创造逼真的效果。它们还集成了 5.1 环绕声、跟踪传感器和触觉交互系统,以提供即时交互反馈。CAVE 系统跟踪人的头部、眼睛和身体的运动,用户可以挥舞一根魔杖来控制虚拟物体,并随意移动它们。这也意味着外科医生可以学习一种新的手术方法,他将立即知道是否做了错误的切口。多年来,CAVE 已经发展成为一个具有不同显示空间和交互配置的完整平台,以满足不同的需求和目的。作为一个典型商业应用案例,Visbox 公司的 CAVE 系统解决方案提供了 12 种基本配置,以及完全定制空间设计的能力。[21]

1.4 军方开始意识到虚拟技术的能量

美国军方是虚拟现实和增强现实技术的有力推动者之一。加强武器装备和改进训练的需求和战争本身一样由来已久。随着20世纪60年代的发展，贝尔直升机公司（现在的德事隆公司）开始试验头戴式3D显示器。1982年，为美国空军设计驾驶舱和仪器的托马斯·A.弗内斯三世投身于设计可用于训练系统的虚拟现实和增强现实交互界面。运用视觉耦合的机载系统模拟器，将数据、图形、地图、红外和雷达反射信息叠加在头戴式显示器的虚拟显示屏中，这套设备后来被称为达斯·维德头盔。该设备还包括语音控制和传感器，允许飞行员通过语音命令、手势甚至眼球运动来控制飞机。

在这之后，在英国，研究人员也开始了类似的项目。弗内斯设计了“超级驾驶舱”系统，可以提供更高分辨率的图形。到2012年，美国陆军推出了世界上第一个沉浸式虚拟训练模拟器，即美国陆军步兵训练系统。[22]该系统的目标不仅仅是提高训练水平。美国陆军的指挥员、士兵及作战分队可在近乎真实的虚拟环境中策划和演练单独或集体的军事行动，并重复使用某个训练场景，从而实现训练目标，并最大限度地利用训练时间。美国陆军步兵学校副指挥官杰伊·彼得森上校在2012年8月的新闻发布会上说：“士兵们通过系统进入一个有平民奔跑、各种爆炸和战车行驶的虚拟村庄战场。如果使用得当，可以让队伍每天都在相同环境中训练，获得更多的训练机会。”[23]

在过去的20年里，美国军方各部门与国防高级研究计划局（DARPA）一道，在增强现实和虚拟现实技术的研究和开发方面做出了大量的努力。这其中包括头戴式设备、先进的控制系统和可穿戴组件。在20世纪40～50年代，他们花了巨大的努力来制造逼真的飞行模拟器，训练军事和商业飞行员。1954年，模拟机的时代到来了，当时联合航空公司花费300万美元购买了四个模拟系统。如今，这项技术已成为主流，飞行员可以在不冒损坏数百万美元飞机风险的情况下学习和完善训练。更先进的模拟器还能训练宇航员执行太空任务。虚拟现实使体验变得越来越现实。而且这项技术已经逐渐超越飞行和训练模拟器，成为舰船、武装车辆和其他系统的核心部件。例如，由美国海军研究办公室资助的战场增强现实系统(BARS)可识别路标，并有助于识别视野之外的团队成员，帮助部队保持协调，避免意外射击。[24] BARS可实时连接到信息数据库中，并可在飞行中进行更新。

1.5 游戏和娱乐创造了新的虚拟前沿

毫无疑问，游戏推动了计算机和数字技术的许多进步。更重要的是，它将技术概念市场化，并推动它们进入商业世界。因此，以XR为代表的电脑和视频游戏在20世纪90年代和21世纪迅速发展。1991年，世嘉公司开发了世嘉VR头显。它由两个小型液晶显示屏和内置在头戴式显示器中的立体声耳机组成，头戴式显示器能跟踪眼睛和头部的运动，它可以用于战争、赛车和飞行模拟等游戏中。[25]可惜的是，该设备从未在商业市场上发布过。因为据当时的首席执行官汤姆·卡林斯克介绍，它会让用户患上晕动病和严重的头痛。也有很多人担心这套设备会导致受伤以及如何重复使用的问题。

第一个联网的多人虚拟现实系统出现在1991年。它被命名为“虚空”(Virtuality)。这项专为电子游戏机设计的技术成本高达7万美元。它之所以引人注目，是因为它还引入了实时交互的概念。玩家可以在同一个空间竞技，而且几乎没有延迟。这个项目是来自乔纳森·瓦尔登的创意，他曾担任Virtuality公司的总经

理，在后来的一次采访中，他说道："对我们来说，这是一个非常清晰的概念，但对其他人来说，我们用这个概念去融资是疯狂的，他们只是无法想象。"[26]然而，Virtuality受到了广泛的欢迎，包括英国电信公司等在内的公司购买了该系统，用以试验远程临场感和虚拟现实。

到了20世纪90年代，雅达利、任天堂、世嘉等游戏和娱乐公司已经开始认真尝试虚拟现实应用。电影《割草者》向大众介绍了虚拟现实的概念。在这部电影中，年轻的皮尔斯·布鲁斯南扮演一个科学家的角色，他使用虚拟现实疗法治疗一名男性残疾患者。电影改编自作家斯蒂芬·金撰写的短篇小说，灵感来自虚拟现实先驱杰伦·拉尼尔。在20世纪即将结束之际，另一部具有里程碑意义的电影《黑客帝国》到来了。电影描述了人类生活在一个反乌托邦的虚拟世界。这部电影轰动一时，将虚拟世界的概念深深地印在人们的脑海中。

以虚拟现实为特征的社交游戏机也开始出现，但常常很快就销声匿迹。任天堂的《虚拟男孩》游戏于1995年7月在日本发布，随后一个月在美国发行，这是第一个使用头戴式显示器提供立体三维图形的游戏机。然而，一年后，由于居高不下的开发成本和较低的用户使用率，任天堂取消了这个项目。主机没有再现真实的颜色范围，色调大多是红色和黑色，同时使用该设备的用户还必须忍受让人难以接受的延迟。最终，为该平台制作的游戏不到24款，在全球仅售出约77万台。

系统工程师们不断地继续投身于开发一个可行的虚拟现实游戏平台中。在越来越强大的图形芯片的帮助下，PlayStation2和PlayStation3、Xbox和Wii等游戏机开始使用触控接口、目镜和新型控制器。直到2010年，虚拟现实才开始初具规模。Oculus Rift配备了紧凑的头戴式显示器，引入了更逼真的立体图像和90°可视角度。近年来，Oculus平台不断进步。2014年，Facebook以20亿美元从创始人帕尔默·卢基手中收购了Oculus。该公司将Oculus打造成一个主要的商业虚拟现实平台,并继续引进更先进的平台,包括号称"世界上第一个为虚拟现实而构建的一体式游戏系统"的Quest。与此同时,其他公司也纷纷涌入VR市场。这其中包括索尼的Morpheus项目,也就是PlayStation VR。

1.6 增强现实和虚拟现实的现代时代到来

创造一个超现实和超有用的XR体验需要的不仅仅是硬件、软件和传感器。它需要的不仅仅是令人难以置信的图形效果和创意,关键还在于将不同的技术结合在一起,并协调不同的设备和数据。对增强现实来说,意味着通过移动设备和云来管理实时数据流,并在没有任何延迟的情况下应用大数据分析和其他工具。对于虚拟现实来说,设计和建造实用的、轻量级的系统是非常重要的。Oculus Rift通过提供一个既实用又可行的轻量级平台打破了VR的平衡。

XR向更小、更紧凑、更强大的系统方向不断演变。在过去的几年里,可穿戴组件和背包系统已经开始出现。如今,数百家公司正在开发和销售各种形状和形式的虚拟现实系统。与此同时,毫无悬念的是设备价格不断下跌。参考以下数据:2016年发布的Oculus Rift推出完整的VR平台,售价600美元。到2018年,更先进的Oculus Go售价仅有199美元。与此同时,电脑制造商惠普公司发布了一款背包系统HP Z,它不仅可以作为传统电脑使用,也可以作为移动虚拟现实平台使用。它重约10.25磅(1磅=0.4536千克),配有可热插拔电池和混合现实的头戴式显示器。

增强现实技术不断高速进步。近几年来,汽车制造商已经开始使用AR技术的平视显示器,显示车辆的行驶速度。2013年谷歌公司推出的谷歌眼镜对实际看到的信息进行了预测,并整合了

语音指令、触摸板和互联网连接,帮助用户访问网页或查看天气预报。LED(发光二极管)显示器通过偏振光技术将不同偏振光反射到眼镜。谷歌眼镜还配备了一个内置摄像头,可以记录用户视野中的事件。2013 年 4 月,谷歌公司发布了售价 1500 美元的版本。尽管从医生到记者的团体都开始使用这种眼镜,但谷歌公司在 2015 年停止了该眼镜的生产,重新把重点放在为商业应用开发的 AR 眼镜上。

尽管存在技术限制和隐私问题,例如许多人使用谷歌眼镜在认为"私密"和不合适公开的地方(如工作场所)捕捉音频和视频,但是谷歌公司还是认为随着眼镜外形越来越轻巧,AR 将超越智能手机。当然,在眼镜片上投影图像和数据的想法并不局限于谷歌公司。其他几十家公司已经开发出可以清楚地看到 AR 的眼镜,这包括微软、爱普生和佳明公司。此外,增强现实应用在不断扩展,超越传统的屏幕、镜片和应用。例如,苹果公司开发了一种增强现实挡风玻璃,可以显示地图方向,并可以在自动驾驶车辆上进行视频聊天。[27]

AR 系统不仅可以通过全息投影在 LCD 或其他玻璃屏幕上生成图像,同时也在不断增加其他功能,包括音频、触摸和激光交互。更重要的是,包含 AR 功能的智能手机应用越来越普遍。这些应用程序既有商业吸引力,也有消费者吸引力。例如,它们允许技术人员在维修机器时查看数据和规格。消费者可以看到一个新的沙发放到家庭房间里面可能是什么样的,花园放入玫瑰或是树篱是什么样的。AR 应用还可以简化旅行和用外语交流的压力。例如,谷歌翻译可以为标志、菜单和文档提供实时翻译服务。只需将手机镜头对准文本,就可以得到所需翻译语言的实时对比。

一些行业观察人士认为 AR 会成为新的个人助理,就像苹果的 Siri、微软的 Cortana、亚马逊的 Alexa,谷歌助手重新定义了人们与数字设备交互的方式。这一思想的核心是基础但深刻的认知：工具和技术的正确组合可以大大减少烦琐的步骤，获得更好的结果，还可以添加过去不可能的新特性和功能。全球智能手机数量超过26亿部，这一数据使得这项技术更具吸引力。突然间，在任何时候任何地方都可以使用AR。

2017年，苹果公司通过将AR开发平台ARKit整合到iPhone X中（谷歌后来推出了自己的Android手机套件ARCore）的方式提高了持股比例。苹果公司推出的一个有趣而新颖的功能是被称为Animojis的动画角色。iPhone X使用面部识别技术和一种叫作TrueDepth的相机技术来捕捉人的影像，并将其嵌入动画中。利用30000个点的红外光来捕捉面部特征，可以在Animoji中模拟用户的表情和动作，包括微笑、傻笑、皱眉、大笑、扬起眉毛和其他手势。

1.7 XR变为现实

增强现实和虚拟现实的吸引力毋庸置疑。人类生活在一个视觉、听觉和其他感知全方位沉浸的三维世界，人类正是如此定义和体验现实世界。尽管二维的屏幕和电脑显示器已经有了显著进步，但它们提供了一种与现实世界完全不同的体验。它们不能复制或再现视觉、运动、听觉和触觉的生理感受。另一方面，扩展现实创造了一个更完整、更具沉浸感的感官体验，允许我们将意识扩展到新的领域，探索全新的地方和世界。

埃森哲北美前扩展现实集团董事总经理杰森·威尔士认为，消费者和企业已经准备好迎接这些新环境。他说："在未来10年里，我们将看到社会行为的巨大转变。"游戏将有新的维度和活动，如看电影、体验体育、音乐会和旅游将变得高度沉浸。虚拟商务会议将汇集来自世界各地的人，企业将使用传感器数据和增强现实

及虚拟现实的反馈数据，以更深入和更广泛的方式了解客户行为。这些技术甚至可以重塑太空旅行的未来。美国航天局推出了“火星2030计划”，这是一个虚拟现实模拟，参与者进入虚拟空间，可以在这颗红色星球上建立社区。该机构计划利用这些数据规划真实的火星任务。[28]

当然，还需要更多的技术进步来创造AR应用程序和VR系统，使其能够扩大到大规模应用。目前，AR图形技术还在继续发展，智能手机的应用程序和增强现实眼镜还不能像广告所说得那样完美，还面临众多挑战。虚拟现实系统必须变得更小，更好地与人体融合；电池性能必须提高等。而且，稳定且无处不在的网络连接仍然不是随处都能实现。微芯片、软件和网络设计的进一步发展将会是推动XR性能提升到一个新水平的必要条件。

然而，扩展现实正在形成和重塑社会。伦敦传播学院在2018—2019学年开始提供虚拟现实艺术硕士学位。[29]另一所大学——法国南特亚特兰蒂斯分校2010年引进了虚拟现实硕士学位。杰伦·拉尼尔在2017年11月《连线》杂志的一篇报道中提供了一个引人注目的视角[30]：“虚拟现实是未来的必然轨迹和趋势，在那里，人们将会越来越善于用更美妙、更具美感的方式交流越来越多的东西。”尽管扩展现实普遍被认为是一种神奇的东西，被认为是与现实世界灰暗的对比，但拉尼尔的看法完全不同，他认为“虚拟现实被认为在出售幻觉，但其实它是真实的”。

2

增强现实和虚拟现实的多种形态和形式

2.1 进入新现实之旅

从基础层面上理解，扩展现实位于人机交互的交叉点。实际上，它代表了一个连续体，包含大量的物理行为和虚拟对象。可以理解的是，这会导致许多截然不同的结果和环境。1994年，加拿大多伦多大学教授保罗·米尔格拉姆与其他研究人员一道，提出了将真实物体和虚拟物体共存，以产生不同形式、因素的想法，从一个完全真实的环境到一个增强现实的框架。[1] 这个框架演变成“增强虚拟性”，最终成为一个完全沉浸式的虚拟空间。图2.1显示了从真实环境到虚拟环境的连续关系。

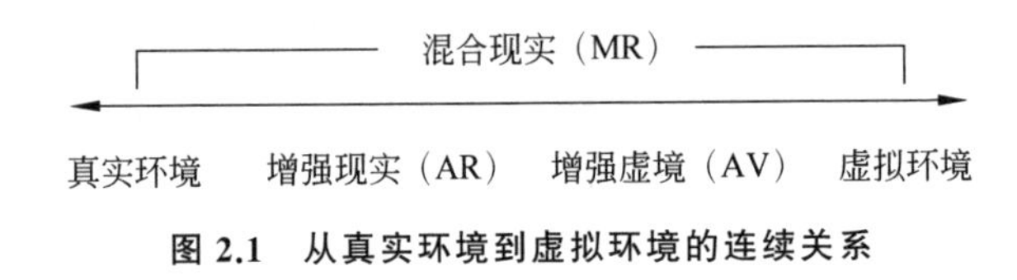

图2.1 从真实环境到虚拟环境的连续关系

米尔格拉姆对这项技术的解释虽然不完整，但是为空间旅行提供了一个很好的开端。另外有人提出了这样的观点：物理现实存在于频谱的一端，而数字现实则位于另一端。在这两端之间存在着几乎无限数量的增强现实、虚拟现实和混合现实的融合、重组和混合的方式。事实上，扩展现实既简单又复杂。一方面，任何增加或改变我们在自然状态下遇到物体和人的方式都可以被定义为

现实的延伸。另一方面,今天的数字系统通过创造更具沉浸感、说服力和感官丰富的体验开辟了全新的虚拟领域。计算机扭转并完全改变了人们体验世界的方式,同时也改变了大脑处理信息的方式。

需要确认的是,增强现实、虚拟现实和混合现实并不是独立的术语或简单的概念,它们包含了各种各样的工具和技术,涉及数字世界的各个角落。这些设备包括头戴式显示器、虚拟视网膜显示器、AR护目镜和增强现实眼镜等;双目和单目视镜;触觉手套;头戴设备以及其他各种感官反馈系统。虚拟环境需要高清晰度和高分辨率的影像数据,或需要由艺术家创建或由计算机生成的图形。增强现实和混合现实环境包括由计算设备生成的显示和视觉覆盖,包括音频提示和触觉反馈等。

在大多数情况下,正是众多技术的融合使XR系统变得如此真实和引人注目。增强现实、虚拟现实和混合现实的核心是系统设计、工程设计以及将这些系统集成到完全无缝的体验中。然而,增强或取代物理现实并不是一件容易的事情。欺骗人类的眼睛和大脑,让其相信人工环境和物理环境是一样的,需要紧密集成传感器、计算机系统和各种设备。诸如运动探测器、加速计、麦克风、照相机、皮肤传感器和其他类型的监控和跟踪系统等组件都是必不可少的。更重要的是,驱动扩展现实的软件需要复杂的算法和巨大的运算处理能力,现在这些计算越来越多地通过云计算来完成,以生成逼真的虚拟环境。

2.2 XR技术:基础知识

虽然视觉显示和应用是增强现实、虚拟现实和混合现实的重心所在,但用于生成这些技术的框架和平台非常广泛。根据设计师和工程师如何综合不同的组件,可以实现非常不同的工具、形态和虚拟空间。让我们来看看 XR 的一些形态和形态因子。

2.2.1 智能手机上的增强现实

增强现实模糊了真实世界和数字生成内容的区别。计算机可以将图形、文本、图像和视频实时添加到现有真实场景中,还可以在应用程序中添加包括语音的各种声音元素。从本质上讲,当一个人使用苹果地图或谷歌地图,听到关于如何以及在哪里的语音提示时,体验到的其实就是一种增强现实。增强现实也可以包含触觉反馈,例如手机通过触觉震动反馈来确认用户已输入指令或已完成特定的手势。

增强现实模糊了真实世界和数字生成内容的区别。计算机可以将图形、文本、图像和视频实时添加到现有真实场景中,还可以在应用程序中添加包括语音的各种声音元素。

智能手机包含了多个以前存在于各种设备及对象中的功能和组件,包括摄像头、音频播放器、录音设备、图书阅读器、GPS 系统以及地图等。它们相互组合,进行通信与交互,获得的功能远大于所有单个组件功能的总和。事实上,许多特性和功能在几年前根本不存在。例如,智能手机和数字图像软件允许用户修改图像,添加效果和滤镜,从而立即改变人物和场景的呈现效果。

当然,在智能手机上增加先进的增强现实功能还需要更多的技术。不仅需要将相机和麦克风等硬件组件连接在一起,还需要强大的处理器来捕获和渲染图像和数据,以及管理这些数据的专用算法。更重要的是,这些数据中的一部分必须发送到云端处理,结果(如数据覆盖或图形表示)必须实时可见。哪怕智能手机的性能只是相对稍弱,都会影响 AR 的最终体验。在最坏的情况下,增强现实的功能或应用程序会变得毫无效果。

关于 AR 的功能可参考以下案例:谷歌翻译有一个功能,当智

能手机用户将摄像头悬停在标牌、菜单、书籍或文档上时，可以查看实时翻译。银行应用程序会在纸质支票周围叠加一个虚拟的边框，这样用户就可以将智能手机摄像头悬停在支票上，便于将捕捉到的支票图像用于存款。零售业巨头宜家提供了一款应用程序，当用户将摄像头对着房间，就可以从智能手机屏幕上选择一件家具，并在现实空间中看到选择的写字台或桌子。Facebook 和 Snapchat 等应用程序允许用户在照片或视频上画画，并使用各种特效（包括鲜花、动物和图形设计等）对其进行美化操作。

在商业应用环境中，AR 展现出众多功能。可以让房地产经纪人在与潜在买家一起看房时查看有关家具或房间尺寸的信息。它可以帮助工程承包商或技术人员在项目架构或设施建设时查看管道、电气和其他系统的规范信息。它还为团队提供了在现实和虚拟同步会议上以全新的方式共享文档或查看数据的途径。有一个名为 Augment 的应用程序，它可以让销售代表以 3D 的方式展示商品，看起来像传统店主展示商品的效果一样。[2]

AR 开发包，如苹果的 ARKit 和谷歌的 ARCore，引入了许多新的增强现实功能。由微芯片和为增强现实和虚拟现实而优化的处理平台驱动，使 AR 开发工具正变得越来越强大。它们使用复杂的运动跟踪来观察物体及其与空间的关系。这使得在现实世界中可以检测到水平和垂直表面，从而了解如何在 AR 或 VR 环境中定位和移动对象。此外，开发工具还能观察物理环境中的光，从而使虚拟物体看起来更真实。

2.2.2 眼镜、镜片、AR 头显和平视显示系统上的 AR 应用

大多数人第一次了解增强现实是在 2016 年 7 月的夏天，神奇宝贝 Go 这款游戏的发布轰动一时。各个年龄段的人都开始追逐手机上出现的卡通人物，因为他们在现实世界中举起手机，就可以开始数字寻宝的游戏，这款游戏让很多孩子和成年人站起来并活

动起来。同时，这款游戏也展示了 AR 领域内的更多应用可能。如今，AR 活动和游戏越来越多。这些应用包括使用定位功能向用户发送寻宝、射击活动以及类似高尔夫和篮球的体育游戏的应用程序。

这些应用的核心是智能手机。手机允许用户在坐着、站着或移动时浏览屏幕、听语音提示或其他声音提示。这些应用功能让人可以随时随地通过指尖使用这种强大的工具，从而完全重新设计了数字交互。因此，智能手机是众多增强现实应用和服务的理想选择。但在某些情况下，拿着电话可能会带来不便和危险，特别是当一个人正在驾驶汽车、手拿着螺丝刀或锤子等工具站在梯子上活动的时候。这些情况下以非手持模式显示数据是很有必要的，有时甚至是至关重要的。

非手持增强现实的一个广泛应用便是平视显示系统（HUD），也叫抬头显示器。这项技术将关键数据（例如汽车行驶的速度或军用战斗机的目标）投射到玻璃挡风玻璃或显示屏上。这有助于驾驶员或飞行员不需要不断俯视仪表台或仪表。这项技术在 20 世纪 70 年代首次出现在军用和商用飞机上，后来出现在汽车、工业机器甚至玩具上。毫无疑问，平视显示器仍在不断发展，最新的平视显示系统可以连接到 GPS 系统和红外摄像头等车载传感器，从而能在恶劣的天气条件下和黑暗的环境中提供增强的视觉效果。

伴随技术的不断成熟，AR 的应用能力也不断增长。如今，一副轻便的眼镜或 AR 头显就可以将图像和数据投射到真实景观或空间的影像上。对于登山者来说，这可能包括显示海拔高度、天气状况和距离；对于保险理算师来说，在审查火灾损失时，AR 应用程序可以捕获损失的图像，并将其传输到云端服务器上，为客户提供成本和赔偿的即时分析。有些不同的 AR 应用将各种传统的二维活动，例如从棋盘游戏到游乐园参观和体育赛事等，转变为更丰

富、更有趣的应用环境。

AR 的应用空间远不止于此。借助 GPS 和地图，通过显示沿途的指向箭头和运动轨迹，以及进入视线时增加的街道名称或地标的显示，AR 头显可以帮助人们方便地到达目的地。AR 应用程序还可以提供用户想要的任何相关数据，包括地铁时刻表、附近的餐馆或咖啡馆，甚至包括对沿线商家的评价。AR 应用程序集成的语音识别、视频捕捉和音频指令使用户无须从口袋里或钱包中取出智能手机即可完成这些任务。

谷歌眼镜（图 2.2）是 AR 眼镜中最广为人知的产品。该产品于 2014 年 5 月以 1500 美元的价格上市，但由于隐私问题和公众的强烈反对（译者注：在公共场合使用谷歌眼镜的用户甚至得到了“眼镜混蛋”的不雅称呼），于 2015 年 1 月停产。此后，谷歌推出了谷歌眼镜企业版，专注于专门的商业用途。这款 AR 眼镜包括一个图形化的开发工具包，用来创建应用程序以及连接到服务和其他应用程序的 API。但是，有限的处理能力限制了它的使用范围。

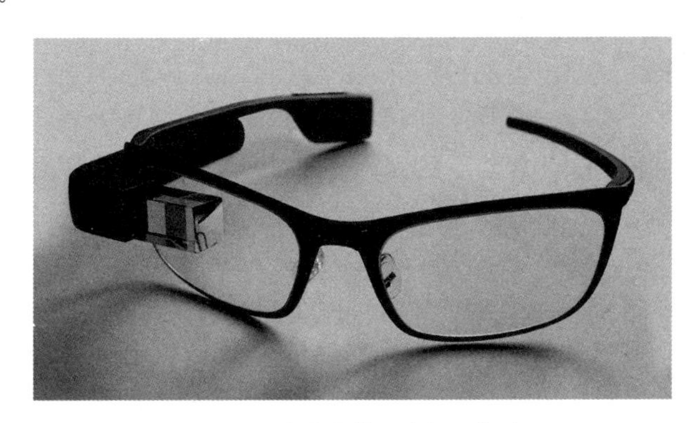

图 2.2　谷歌眼镜。来源：谷歌

微软的 HoloLens（图 2.3）也着力于改变 AR 影像的应用世界。这款售价 3000 美元的 AR 眼镜主要为商业用户设计，为增强现实

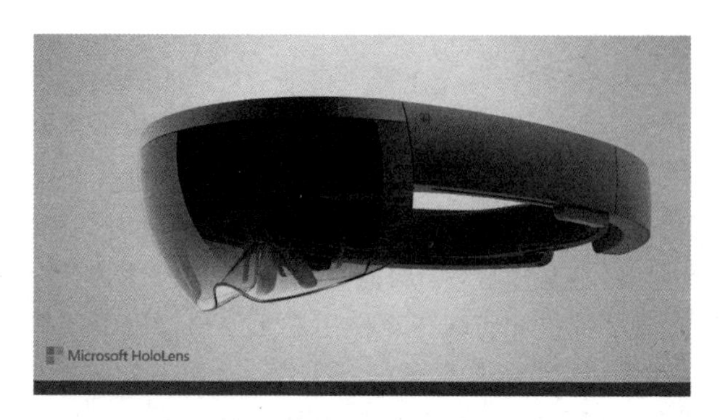

图 2.3　微软的 HoloLens。来源：微软

和混合现实提供了一个开发平台。系统通过在镜片上绘制二维和三维全息图来运行 Windows 应用程序，使用户可以将空白墙作为显示器，并通过手势来操作。业内领先的设计建筑公司 Genser 就利用 HoloLens 重新设计了其洛杉矶总部。[3] 该系统配备 Sketch Up Viewer 专门软件，将 3D 混合现实图像和全息图直接投射到设计师和工程师的眼中。他们可以预览、查看、理解组件和空间的关系，包括它们的大小、比例和各种透视图等。

很多其他公司也正在使用 AR 眼镜和 AR 头显，帮助用户彻底改变在办公场所或工业设施等惯常工作环境中各种处理任务的方式。例如，DAQRI 智能眼镜允许建筑工人、工厂工程师和石油钻塔工人查看有关机器或他们工作环境的实时数字数据。[4] AR 制造商也在探索如何将传感器和相关系统嵌入服装和其他可穿戴设备中，这样就不依赖智能手机或其他计算设备为 AR 或 MR 显示了。Facebook 首席执行官马克·扎克伯格表示，AR 最终可能会重新定义从智能手机到电视的所有屏幕，进而，这些系统最终可能直接由人脑来控制。[5]

2.2.3　身体上的虚拟现实

在过去的数年中，不断有新闻报道鼓吹虚拟现实所带来的无

限可能和机遇。来自 Oculus、索尼、HTC、联想和三星等公司的消费级 VR 头显和其他 VR 系统越来越受欢迎。索尼公司在 2018 年 8 月报告称，其已售出超过 300 万个 Play Station VR 头显和 2190 万个“游戏和体验包”，[6] 其中包括《蝙蝠侠：阿卡姆 VR》和《生化危机 7》等游戏。

价格快速下降的同时，VR 技术迅猛发展，这推动了更多人采用 VR 来进行体验。许多虚拟现实系统最初的售价在 800～1000 美元之间，现在的价格不到 200 美元。这场革命的核心是更小、更快、更强大的中央处理器(CPU)和图形处理器(GPU)。GPU 主要由 Nvidia、Qualcomm、AMD、英特尔和华硕公司生产，在生成更逼真的图像的同时，极大地提高了 VR 的渲染速度。超真实的视觉效果已经取代了过往缓慢、有缺陷和扭曲的图像内容，极大地满足眼睛的观感，欺骗人类的大脑。这使得人们可以毫无延迟地进入异域的虚拟世界或真实世界的扩展空间中冒险。

因此，包括数字营销和媒体机构在内的许多公司都在通过连接到计算机、智能手机或完全不受约束地操作的头戴式显示器来进入虚拟现实应用领域。它们推出了一系列应用程序，通过重新定义访问现实空间或地点的概念，将这些应用程序延伸开来。同样，娱乐和游戏公司也在通过创建包含高清图形或现实影像的环境来推进虚拟现实应用。此外，还可以结合声音和触觉反馈来创造更真实的感官体验。

令人印象深刻的是虚拟现实设备的种类和价格的变化。谷歌公司在 2014 年推出了一款入门级的虚拟现实产品，即名为 Google Cardboard 的虚拟现实平台。它的推广语中写道：“以一种简单、有趣、实惠的方式体验虚拟现实。”使用这个系统很简单，用户只需将智能手机插入一个价格仅为 6 美元的可折叠纸盒中，新闻、游戏、旅游等内容瞬间变成 3D 的。Google Cardboard 利用立体显示技术提供了一个软件开发工具包，来实现内容开发。截至 2017 年初,Google Cardboard 的用户数量已超过 1000 万,应用下载量超过 1.6 亿次。

另一方面,为消费者和企业提供的高端系统越来越多。例如,Magic Leap 开发了一款售价 2295 美元的超轻混合现实头显,名为 One Creator Edition,它集成了先进的眼球跟踪功能、接近人体运动的控制器、超清晰的视觉效果以及渲染超真实场景的软件。头戴式显示器看起来像是太空时代的一套头戴设备,而不是笨重传统的需要背带的头戴式显示器。这套无线系统通过一个放在口袋里的 lightpack 模块驱动。

2.2.4 虚拟现实空间

虽然 Google Carboard 可以让虚拟现实实现手持体验,但它完全属于娱乐和游戏范畴。相比之下,由芝加哥伊利诺伊大学的研究人员发明的洞穴式自动虚拟环境(CAVE)(图 2.4)成为一个被工程师、科学家广泛使用的虚拟现实剧场式体验环境。CAVE 系统已经被用来帮助理解如何更好地设计制造空间和如何在复杂条件下降落喷气式飞机等各种问题。[7] 这种系统在从事协同规划和建设的行业中也更受欢迎。CAVE 还允许学生、教师和其他人共同探索三维数据可视化,并以全新、有趣的方式进行研究。

未来的某时,为支持强大虚拟现实体系所需的沉浸式物理环境将不再那么重要。技术的进步将用可穿戴设备以及软件和算法取代对复杂硬件的需求。当然,就目前而言,CAVE 是使用 VR 来实现沉浸环境的核心工具。最新版本的 CAVE 系统集成了最新的数字技术,可以提供目前可穿戴系统所不具备的特性和功能。

例如,在路易斯安那州立大学的全新建筑信息模型实验室里,实验人员利用 11 台个人电脑和速度、温度和湿度传感器等创建了一个具有 300°视觉效果的高度交互式环境。[8] 这个 2400 平方英尺

的房间包含 44 个 55 英寸(1 英寸＝0.0254 米)的 OLED 显示屏，以及最先进的声音和触觉反馈系统。这套系统不需要使用头戴设备，而是通过平板显示设备来创造一个身临其境的沉浸式环境。

图 2.4 带有全方位跑步机的 CAVE 虚拟现实环境。来源：维基百科

路易斯安那州立大学建筑管理系教授朱一民提到："CAVE 系统提供了一定程度的沉浸感，但视点非常不同，它给你一种置身于特定环境中的感受。""CAVE 系统有两个用途：一是数据可视化，CAVE 系统是一个可视化的平台，它可以同时为许多参与者提供立体视觉场景；二是教学用途。我们确实有很多方法来实现三维模型或虚拟模型可视化，但这些方法主要集中在桌面系统，或者是头戴式系统，后者更具沉浸感，但更具个性化。"[9]

CAVE 系统十分逼真，令人信服，因为它能产生逼真的视觉效果，同时伴随着声音和其他反馈。这套系统也非常灵活。在某些情况下，它可以配合立体眼镜或 AR 头显生成与环境同步的 3D 影像。正如路易斯安那州立大学完成的系统空间所展示的，它也可以通过平板显示器墙，直接用人眼的视差原理或通过主动快门式 3D 眼镜模拟图像和运动来实现立体影像。主动快门式 3D 眼镜技术是利用液晶快门技术交替显示和阻挡图像，使人的左右眼在不同的时间里看到不同的左右眼图像，从而实现3D视觉。它与个别3D影院中使用的快门技术是相同的原理。（译者注：电影院使用的3D电影主流解决方案是使用偏振光眼镜）

另一个使CAVE应用引人注目的地方是免费和开源的软件图形库。通过这些库，用户可以在VR环境中构建场景和管理事件。这些工具包括OpenSG、OpenSceneGraph和OpenGL等。例如，OpenSG是用C++编程语言编写的，运行在Windows、OS X、Linux和Solaris操作系统上。OpenSG使用复杂的多线程来管理计算内存和资源，对于创建实时显示的图形内容场景并与用户运动和其他活动同步非常有效。

2.3 触觉控制

人类通过五感来体验世界，所以看见和听到虚拟行为的能力只是其中的一部分。触觉和力觉，科学家称之为触觉反馈，也是增强现实、虚拟现实和混合现实环境中的一个关键要素。机械产生的刺激可以模拟真实物体和事物的感觉。在虚拟环境中，这种感受可能是抚摸小狗或打开一扇房子的门，这些交互行为都可以通过提供真实物体的触感和适当的振动和压力来实现。

触觉反馈不是一个新概念。许多智能手机早已融合了这一功能。该功能也广泛应用于机器人和外科手术等领域，其在高端飞行模拟器、手术模拟器和工业系统中也很常见。这项技术出现于20世纪70年代，在创造更逼真体验的游戏机和在其他设备上提供力反馈等方面都起到了不可或缺的作用。触觉反馈可能会产生一种细绳轻轻地拉着手指的感觉，或是按下了机械按钮的感觉。它可以提醒智能手机用户正在检查电子邮件或已在应用程序中选择了一个对象。在游戏中，触觉反馈经常用于提供导航环境或达到预期结果的提示。

显而易见的是，将触觉反馈整合到智能手机、游戏控制器和其他设备中，与在虚拟现实世界中产生真实的触觉是完全不同的。虚拟现实系统需要更先进的传感器来跟踪用户的动作，需要更复杂的软件来绘制运动图形，管理空间内各种物体的复杂相关性，并无缝地整合视觉和触觉。所有这一切都还不足以支撑一个大致的感觉，协调和由此产生的体验必须很精确才行。虽然研究人员和相关企业已经对触觉进行了大量的实验，有些公司已经开发出能够提供如振动等基本触感的手套，但如同真实环境中感觉到物体的感受却是非常难以模拟的。

然而，更先进的触觉技术逐步浮现。例如，在西雅图的一家公司 HaptX，就已经开发出一种叫作 AxonVR 的精密手套系统。该公司声称这项技术非常灵敏，可以让用户检测到一粒米大小的物体。戴着该手套系统的人可以进入计算机生成的虚拟世界，与动物、植物和其他物体进行高度互动的体验。可以轻拍一片云彩，引来暴雨，然后感觉到雨滴轻轻落在手上；还可以感受到地里长着麦苗，蜘蛛在手上爬过带来痒痒的感觉。HaptX 提供的虚拟世界体验是由可爱的动画物体和动物组成的，但是它也可以很容易地带来一场外科手术或太空战斗的超现实感受。

任何虚拟环境都不应失去触觉这种体验。随着触觉领域研究的迅速发展，人们对如何创造逼真的触摸体验的理解也在不断增长。HaptX 首席执行官兼联合创始人杰克·鲁宾说："如非必须，触觉系统对于几乎每一种虚拟现实交互都是有价值的，随着虚拟现实和增强现实技术的发展，以及对更逼真、更具沉浸感的系统的需求不断增长，物理触摸和反馈变得至关重要。"头戴式显示器面临的挑战是如何使设备小型化，并使其在各个行业和用途中都能负担得起。与虚拟现实技术相结合的触觉系统必须具有灵活性和适应性，能适用于从手术室到建筑工地的各种用途。

触觉反馈的最终目标是引入到虚拟现实和增强现实环境，在感官范围内创造最真实的感受。这将帮助接受培训的医学生或住院医师在过渡到实际手术之前，在虚拟环境中练习 50～100 次。到那时，给真人做手术的压力和紧张感都会减轻，让这项任务看起来很自然。同样类型的超现实虚拟现实仿真将允许未来飞行员练习起飞和降落，直到在虚拟空间中掌握这些技术。这样，当学员坐到一架真实的飞机上时，操纵飞机便成为了自然而然的本能。

触觉手套是触觉应用进化的一部分。随着时间的推移，这些手套设备变得更加紧凑和强大。南卡罗来纳州查尔斯顿学院新兴媒体副教授大卫·帕里萨认为，最终形态将是一种“主控设备”（一种能够提供各种触觉感受的全身触觉反馈设备）。[10] 鲁宾说，全方位跑步机和其他专门的设备，再加上配备传感器的轻量级身体触摸反馈套件，可以引入一种深度的虚拟交互体验。这将使人们能够在阿根廷火地岛的小路上奔跑，在澳大利亚大堡礁的鱼群中游泳，甚至可以体验模拟的性行为。可以肯定的是，XR 的边界将只是人类的想象力。

2.4 进入扩展世界冒险

虚拟现实相关工具和技术可能会在未来几年迎来全新的篇章。到那时，人们可以进入虚拟商店里漫游，看到琳琅满目的商品，了解它们的真实情况，把它们放入虚拟购物车。人们将可以探索世界著名的建筑、洞窟、瀑布和地标，而不再需要经历长途旅行，忍受时差反应。当然，关键问题还在于虚拟体验能否取代购物或旅游的身心体验，扩展现实技术更有可能扮演利基或补充的角色。同样，扩展现实不太可能取代 Web，但是，它可能会迫使网站改变、进化，演变成和现在完全不同的包括提供三维体验的全新形态。

虚拟现实相关工具和技术可能会在未来几年迎来全新的篇章。到那时，人们可以进入虚拟商店里漫游，看到琳琅满目的商品，了解它们的真实情况，把它们放入虚拟购物车。人们将可以探索世界著名的建筑、洞窟、瀑布和地标，而不再需要经历长途旅行，忍受时差反应。

这项技术是将创造一个更安全的世界，还是将带给一个民众被监控的状态，还存在巨大的争议。例如，在中国，执法人员现在可以依靠面部识别眼镜发现和逮捕犯罪嫌疑人。AR 系统使用轻型眼镜记录捕获到的图像，并将其传送到云端，通过实时对参与非法活动的人的信息进行匹配，可以在 100 毫秒或更短的时间内解析 10000 名嫌疑人的数据库。中国官方报纸《人民日报》报道，2018 年初，郑州东站警方使用 AR 技术抓获了 7 名与重大刑事案件有关的逃犯，并确认了 26 个试图使用假身份证出行的嫌疑人。[11]

在地球另一边的美国旧金山州立大学，运动机能学系探索运用虚拟现实技术作为一种保持健康的途径。[12]由玛丽爱丽丝·克恩教授领导的一个研究小组开发了促进锻炼和保持身体健康的虚拟现实游戏。克恩指出："几乎所有的虚拟现实游戏都涉及某种形式的运动，有些动作很简单，从左到右转动你的头，但有些运动需要非常有力的动作，比如跳舞。我们想知道的是：人们在玩虚拟现实游戏时消耗了多少能量，这真的可以算是锻炼吗？……这些高度可定制的且非常吸引人的工具可能对未来人们保持健康起到至关重要的作用。"[13]

该研究小组收集了参与射箭和拳击等虚拟现实活动的人的心率数据和耗氧量数据。通过研究代谢数据，最终发现虚拟现实锻炼能带来真实的好处。例如，那些参加虚拟拳击的人每分钟燃烧 13～18 卡路里。相比之下，做真正的拳击运动每分钟也只是燃烧大约 15 卡路里。

XR 技术也将改变我们获取新闻和信息的方式。尽管 CNN、纽约时报和其他新闻网络都已经在尝试使用增强和虚拟现实，但未来的新闻发布还将与今天的平面新闻大不相同。到那时，因为有了虚拟现实技术，就可以体验飓风、地震或核爆炸的真实感，而不必真地感受这些事件的破坏力。正如插图在 17 世纪改变了报纸和书籍，照片在 19 世纪带来了更大的临场感，扩展现实将提供远超文字和照片所能提供的真实感和临场感。

2018 年 3 月，《纽约时报》发表了一篇题为“增强现实：大卫·鲍伊在三维世界”的报道。[14] 图文聚焦于这位传奇演员的服装装扮。通过利用增强现实技术，场景被转换成三维的，读者在个人电脑上用网络浏览器可以 360°观看鲍伊的装扮，当用户在图形上移动鼠标，就可以旋转查看它。但在支持 AR 的智能手机或平板电脑上，这些三维的展示可以呈现出完全不同的维度。例如，在 iPhone X 上，用户可以将身着不同装扮的大卫·鲍伊悬浮在自己所在的真实房间中，并在其周围走动，同时还可以看到真实的房间以及其中的所有人和物品。

《纽约时报》在 2018 年 2 月的一篇文章中深入探讨了为什么要使用 AR。[15]“如果说摄影让记者能够从视觉上捕捉重要时刻，而视频允许我们记录视觉、声音和运动，那么增强现实功能就更进一步了。”同样的 AR 功能可以让报纸实现“看到一个运动员悬浮在半空中，就像她飘浮在你的起居室里一样。镜头可以成为一扇窗户，引人进入由数字信息增强的世界，可以在你的卧室里增加一件虚拟的雕塑，或者在你的车道上增加一辆汽车。虽然这些在真实世界中是不存在的，但看起来确如真实存在在那里一般。”

这项技术同样也在改变军队处理战况和士兵战斗的方式。增强现实和虚拟现实已经被用于飞行模拟、战场模拟、医学训练和虚拟训练营等。心理学家还利用 XR 来预备和“强化”部队，以及治疗患有创伤后应激综合症(PTSD)的士兵。这些技术节省了成本，也

明显改善了护理的效果。如由南加州大学的一组研究人员创建的名为 BRAVEMIND 的虚拟现实程序，通过临床医生调整条件和参数，帮助 PTSD 患者探索创伤经历，面对和处理具有挑战性的情绪记忆，从而最终从创伤中走出来。[16]

该项目最初由美国海军研究办公室资助，由心理学家、南加州大学创新技术研究所医学虚拟现实主任艾伯特·里佐领导。在最初的试点试验中，20 名军人(19 名男性和 1 名女性)中有 16 名通过虚拟治疗取得了进步。[17]另外有一些研究者已经开始使用虚拟现实技术来帮助截肢者、中风患者和其他病患。这项技术如此强大，甚至可能会彻底改变心理学、医学和许多其他领域，原因就在于 XR 引入了沉浸式、交互式和多感官的虚拟环境。研究人员或医生不仅可以控制环境，并获得即时反馈，还可以调整 VR、AR 或 MR 体系，以应对传感器收集的聚合或单个数据。这种反馈循环允许护理提供者集中精力解决问题，并以在此之前不可思议的方式解决这些问题。

在技术应用的另一端，虚拟现实游戏继续把用户带到曾经难以想象的体验空间。2016 年，索尼的"社交虚拟现实"游戏引入了这样一种新的玩法：玩家可以用沙滩球弹跳到天空中，从上面俯瞰树木、山丘、海洋和人们，再返回模拟跳伞的感觉。另一个叫作《巫师圆舞曲》的游戏，让参与者感觉自己是一个巫师，收集了魔法球，并把它们扔进一个巨大的锅中熬煮。通过这个过程获得一些特殊的能力，比如能够发射闪电等。另一个有趣的例子是 VR 动画电影 *Allumette*，它提供了在云层中飘浮的飞艇的虚拟体验。通过在真实环境中的身体行走，参与者可以改变对虚拟空间中各种物体的视角。很多踏入虚拟现实环境的人表示，他们在体验过程中必须站着，因为真实感会产生一些不适。[18]

XR 这个新兴世界的共同点是增强现实、虚拟现实和混合现实改变了感知，同时也改变了现实。在一个现实世界和数字世界的界限已经模糊的世界里，XR 技术引入了全新的、有可能甚至更好的方法来解决问题。然而，如果没有数字技术和能够协调虚拟体验的软件及它们的共同作用，所有这些都是不可能实现的。这些技术最终决定了用户能看到什么和能做什么，这就是即将到来的虚拟革命的基础。

3

真实背后的技术

3.1 超越真实世界

由增强现实、虚拟现实和混合现实共同组成的扩展现实技术正在飞速发展。伴随着微芯片的功能越来越强大，组件越来越小，以及不断开发出的更精密强大的应用软件，扩展现实正在逐步发展成型。然而，增强技术和虚拟技术并不是只有单一用途。不同的行业和应用需要完全不同的工具和应用组件，完全沉浸式的游戏体验与战机飞行员在驾驶喷气式飞机时使用头戴式头盔系统或者工程师查看虚拟建筑的应用系统有着显著区别。智能手机上的应用程序与消防员使用的增强现实眼镜有着很大的差异。

系统设计和工程技术是系统可行性的关键。然而，创建极具真实感的虚拟环境的技术和实践都是艰巨的挑战，对于复杂的虚拟现实和混合现实环境来说尤其如此。人要进入虚拟空间体验，既需要通过图片、视频或其他图形等内容获得真实的视觉沉浸体验，也需要将触觉、声音和其他刺激（可能包括气味）关联起来，才能使人脑相信这一切都是真实的。实现连接和协同的数字技术是创造出真实可信的虚拟体验的核心问题。

考虑以下情况：例如，一位建筑师决定在完成一套设计和蓝图之前在一个虚拟建筑中走走，看看房间和空间建成后是什么样子的，包括观察墙、天花板、地板、建筑和设计元素，甚至还有如布线、照明或管道等隐藏的基础设施。在这个过程中会产生一个问题：这位建筑师戴着头戴式显示器在虚拟房间里行走的同时，实际也在真实空间里行走，这意味他可能会被真实环境中的实物绊倒或者撞到墙壁或横梁上。还有，他在虚拟空间中坐下来或者弯腰进入某个空间都会是很具体的问题。这个案例说明真实可信的虚拟环境与现有真实物理环境必须协调一致。

同样，增强现实系统也需要对真实对象和空间的理解，包括真实对象之间和它们周围的空间关系。这包括标牌或菜单上的文字，或者是房间的尺寸及特征。为了获得这些信息，AR 系统需要通过摄像机或其他类型的传感器来测量房间的大小或形状，辨别墙壁的颜色或纹理。如果系统不能正常工作，说明 AR 应用程序和底层算法无法确定物理参数，并将所有数据点转换为物理表示。这就可能会出现家具在房屋的空间范围之外，房间的颜色看起来不正确等不合常理的情况。

这样的结果就是失败的应用或是糟糕的用户体验。扭曲变形的房间或飘浮在空中的家具，会让用户放弃继续使用这个应用程序。更糟糕的情况是，甚至可能带来危险。特别是在危险的工作环境、警务或作战中，如果 AR 系统不能正确地显示图像或数据，可能会导致人员的伤亡。从设计和工程的角度来看，XR 极具挑战性的困难是，即使是硬件、软件、用户界面或网络性能中的小故障或漏洞都可能破坏整个体验。一瞬间，真实可信的环境就会变得让人难以置信。

3.2 增强技术的工作原理

增强现实之所以如此吸引人，是因为它既允许人类走出真实世界，同时又留在真实世界中。AR 面临的难题中，视觉部分尤为重要。将图形、图像和文本叠加并配准到智能手机屏幕或眼镜上，

是一个复杂且步骤繁多的过程。当然，这取决于 AR 应用程序或功能的目的是要做什么。

开发增强现实应用程序的第一步是创建三维模型，可以是由数字图形工程师来制作，也可能是由应用程序员从开源的三维库中获取模型。3ds Max、Blender、Cinema 4D、Maya、Revit 或 SketchUp 等专用软件是设计师在 AR 应用程序中创建视觉效果的主要工具。有一些像 Sketchfab 这样的平台可以让设计者查找、共享和购买内容和组件来创建 AR 应用程序。数字图形工程师通常从一个粗略的草图或线框图开始，再通过使用多种工具来细化绘图，直到完成三维模型。

完成了概念图，数字图形工程师就会将其转换为实际的模型。这个过程可能包括添加颜色、形状、纹理、特征或行为乃至设备在真实世界中如何运行的行为或物理属性。在特定的情况下，可能需要创建一个具有逼真特征的角色。如果目标是展示真实存在的物体，例如大卫·鲍伊在《尘归尘，土归土》电影中穿的 1980 年的服装(出现在第 2 章提到的《纽约时报》应用程序中)，就需要采集该物品的图像或视频，并通过使用三维映射程序进行转换，将二维结构转换为三维表示。

第二步就是创造真实的增强现实体验。在软件中，将物体的数字结构转换成表面多边形表示，多边形作为三维可视化模型的基本几何体，可以在 AR 应用程序中添加运动或用于表示人、生物及其他对象现实世界的表面属性特征。然而，这一步不仅仅是创建一个真实的对象那么简单。使用 APP 或 AR 眼镜时，物体必须能从不同的角度和视角观看。多边形的面太少，会使虚拟对象看起来或感觉起来不真实。多边形面数太多，AR 对象可能因为数据量太大而无法被正确地渲染出来。

最后一步工作是使用软件开发工具包(如苹果的 ARKit、谷歌的 ARCore 或 Vuforia)来完成增强现实的功能。这些开发工具可以帮助构建应用程序和嵌入式 AR 程序。在开发功能的这一阶段，开发者通过添加运动跟踪和深度感知等功能，以及将虚拟对象与真实环境相结合的区域学习功能，帮助智能手机的相机或眼镜捕捉并正确显示物体。真实对象和虚拟对象的无缝混合使 AR 场景看起来极具真实感。没有这些工具，显示设备将无法定位和协调所有元素，运动可能失准，物体可能发生变形等。

事实上，AR 应用程序成功的核心就是定位和协调真实和虚拟对象并操纵虚拟对象。一些增强现实 SDK，如 Vuforia，包含自动识别对象并将其与软件框架中内置的现有 3D 模型进行对比的功能。通过估算相机的位置和物体的整体方向，可以引入更真实的体验。在应用程序中运行的运动跟踪程序——同步定位与地图构建(simultaneous localization and mapping，SLAM)可以创建深度跟踪和模式跟踪。

SLAM 也用于自动驾驶和机器人系统，主要通过算法和设备的传感器数据来生成空间的三维地图。它决定了在智能手机或 AR 眼镜上显示 AR 对象的位置和方式。SLAM 还使用全局照明模型来渲染获得具有正确颜色和色彩的图像，把所有关于已注册对象的信息都存储在数据库中，其最终决定 VR 或 AR 环境中的视觉结果。在这之后，使用 Unity 或 Unreal Engine 之类的渲染引擎在手机或眼镜上生成视觉图像。例如，iPhone X 就内置了 TrueDepth 深度传感器相机模组，这个模组可以在物体上投射 30000 个不可见的红外点。这使 iPhone X 中的传感器可以映射物理空间并生成虚拟对象或环境的精确表示。

最终的效果是得到照片级真实感的渲染对象或场景。普遍认为近大远小，较大的对象意味着该对象较近，而较小表示该对象距离较远。对象之间的距离可以帮助构建场景的整体透视图以及对象如何在 AR 空间中旋转和位移。嵌入式算法和设备使用微机电系统，如加速计、临近传感器和陀螺仪等的能力，共同决定了手机屏幕或 AR 眼镜镜片上的最终场景。

3.3 屏幕显示一切

尽管现代增强现实功能和应用程序早在2010年就开始出现在智能手机上，但近年来，电子技术的进步已经改变了智能手机领域。首先，智能手机中的摄像头已经可以捕捉高清图像。其次，今天的OLED屏幕可以提供超高分辨率和高对比度。这使颜色和物体(包括计算机生成的图像)看起来更加逼真。SDK和像Unity和Unreal Engine等游戏引擎一样的图形渲染平台也在不断发展。

当然，外在因素很重要。智能手机显示屏具有便携的优势，很容易塞进口袋或钱包中，使用也很方便。屏幕随时可用，能够通过自动调整亮度来适应和调整照明条件。但是，手机屏幕还是没有AR眼镜或AR头显那么方便，因为AR眼镜和AR头显不需要用手来操作，特别是手上在使用其他东西的时候。对于技术人员、工程师、应急响应人员和其他相关人员，包括尝试修理东西的用户来说，更换电灯开关或洒水喷头的时候，如非必要，还需要一只手拿着电话看说明书或帮助视频，这都会是一件比较麻烦的事情。

实际上，AR眼镜和AR头显都是为了解放双手。谷歌眼镜也许是该领域中的典型应用，同时也有越来越多的公司正在为消费者和企业用户开发相关产品，包括爱普生、索尼、微软、诺基亚和苹果等。各种使用不同技术方案的原型和商用系统通过将AR图像映射到镜片并连接到智能手机或互联网实现AR应用。从传统的AR眼镜到头戴式显示器，再到虚拟视网膜显示器(VRDs)(译者注：VRDs使用低功率的LED光和特殊的光学元件直接将图像投射到人眼，从而无须使用显示屏)，再到车辆和飞机上使用的平视显示器，平视显示器使用激光或反射光到玻璃表面的镜面上，从而实现成像。

AR的一个关键影响因子是视野。如今的许多系统提供50°或更低的视野，虽然生成了不错的场景，但这说不上是一个真实感很强的场景。从原理上讲，有限的视角限制了视野，迫使用户在更窄的范围内观看，这种体验很不自然。为了获得更好的视野，需要180°～220°的视野。对于技术人员和其他需要对所处空间有更广阔视野的人员来说，有限的视野会产生不好的影响。如果AR显示屏由于视野原因正好挡住了他们的视线，很容易导致出错甚至引发事故。

显示技术在不断地进步。亚利桑那大学的研究人员已经开始进行全息光学投影实验。[1] 全息光学元件将承载的图像信息在光线耦合到波导中纵向放大，可以产生比原始图像大得多的全息可视图像，从而大幅提高屏幕或挡风玻璃上显示数据的清晰度和视角。与此同时，其他科研人员也在不断探寻和创新，以改进显示系统。例如，本田汽车公司在2015年获得了一项专利，该专利提出通过增强现实平视显示器来提高安全性。[2] 该系统可在检测到潜在危险时发出警告，甚至自动刹停汽车。

3.4 聚焦于可穿戴增强现实

AR眼镜、AR头显及其他设计用于将图像投射到人类视野中的设备的基本原理是将光线重定向到人的眼睛中，这包括从真实世界产生的自然光以及由计算机生成的人工光线(例如通过LED、OLEDs)。光学设备必须将自然光和人造光结合起来，才能创造出增强现实效果。将生成的计算机图像与真实世界结合的光学装置称为“组合器”。基本上，组合器的工作原理类似于部分反射镜，即重定向显示光，并选择性地让光从真实世界通过，可把数字影像与真实世界相混合，以产生最佳的增强图像。

可穿戴AR系统主要有两种基本形式：HMD光导合路器和波导合成器。[3] 这两种系统在外形、感觉、审美、重量、图像质量和分

辨率上各有优缺点。光导合路器依靠两种不同的方法来生成图像。第一种方法是偏振光系统，如谷歌眼镜和爱普生智能眼镜，这些眼镜普遍重量轻，价格实惠，但图像效果有限，由于使用分裂光束方法，普遍会导致一定程度的模糊。第二种方法是离轴半球合路器，例如 Meta2 AR 头显，它看起来像《星球大战》中的未来头戴设备。[4]这款设备售价 1495 美元，内置的一块 2560×1440 像素显示屏的 OLED 显示屏创造出令人惊叹的体验效果。

另一种实验方法称为波长合成器，这种方法围绕一种叫作波导光栅的技术，也称为波导全息图，来产生光学效果。该技术采用一种称为全内反射，又称全反射(total internal reflection，TIR)的方法，逐步提取波长管内的准直或平行的图像。波长管是由一层薄薄的玻璃或塑料制成的，可以让光线通过。在这个过程中发生的衍射产生了高质量的全息图像，同时也产生了更大的视野。但是，就目前而言，批量生产这些光学设备的技术困难重重，它们仍然不属于商业产品的范畴。尽管英特尔公司已经宣布打算销售使用视网膜投影的智能眼镜，但虚拟视网膜显示(virtual retinal display，VRD)也依然属于“未来”的产品范畴。[5]

3.5　增强现实的愿景

增强现实技术不仅仅是展示有趣、有用甚至是好笑的影像。它越来越多地与其他智能手机或 AR 眼镜的功能相结合，包括摄像头、麦克风和语音识别等。对于 AR 眼镜来说，就像智能手机处理任务一样，协调各种功能非常重要。这需要一个操作系统和应用程序编程接口(API)来连接软件程序、应用程序和开发工具。最后，增强现实设备还需要一定的处理能力以及内存、存储器和电池等组件。从智能手机到智能手表，所有便携设备都存在待机时间的问题，这关乎它们能持续使用多长时间。

目前，AR 眼镜和头戴式显示系统还没有明确的标准。实验室和技术公司不断尝试着各种方法和形状。他们也在研究输入数据的新方法，包括虚拟草书或基于字符的手写输入技术，使用手指、手、头及眼睛移动或整个身体的姿态来实现输入的方法。系统也以依赖专门的手写笔或不同类型的键盘来实现输入。例如，一家名为 MyScript 的公司开发了一种称为交互式墨水的 AR 管理技术，它支持增强现实和其他数字技术下的数据输入。[6]

抛开技术障碍不谈，AR 在手机和眼镜上的应用在未来几年可能会激增。随着芯片和电子元件的价格持续下跌，软件和系统变得更加强大，这项技术将被用于娱乐、营销、培训和技术支持的应用程序中。AR 将被广泛用于道路、海滩、教室和工厂车间等传递信息。埃文斯数据公司在 2017 年进行的一项调查发现，74％的移动开发者在应用程序中加入或正在评估 AR 的使用。[7]

投资和金融服务公司高盛预测，到 2025 年，增强现实和虚拟现实的市场规模将达到 800 亿美元。[8]这将使增强现实技术的市场规模与当今台式个人计算机市场持平。高盛公司电信、媒体和技术业务部门负责人希瑟·贝利尼认为“增强现实技术有可能改变我们与当今几乎所有行业的互动方式，无论从消费者角度还是从企业角度来看，它都将具有同样的变革性”。[9]

3.6 虚拟现实如何运行

虚拟现实吸引力巨大。这项技术将人带入一个身临其境、宛若真实的数字世界。然而，产生真实可信的虚拟现实体验所需的设计、实施和整合技术，都并不是简单的工作。将图像传输到头戴式显示器或使用振动的触觉手套创建相对粗糙的触觉反馈是一回事；将计算机生成的过程协调和转换成一种让大脑相信场景是真实的体验则又完全是另一回事。这需要了解一个人在真实世界和

虚拟现实世界中是如何移动、反应和思考的。因此，研究虚拟现实很有必要将虚拟现实视为一个超越人体本身的体系和范畴。

头戴式显示器是虚拟现实的核心。它负责提供视觉和其他感官刺激，让人感觉沉浸其中。与 AR 眼镜或其他 AR 头戴式显示器不同，头戴式显示器必须完全隔绝人与真实世界的联系。如今，头戴式显示器普遍使用的是液晶显示（LCD）技术或硅基液晶（LCoS）技术来生成图像。早期，头戴式显示器还依靠阴极射线管（CRT）技术来成像。未来的显示器可能会使用 OLED 技术，它能提供更清晰、更明亮的图像。从 CRT 到 LCD 和 OLED 的转变使得工程师们能够制造出体积更小、更舒适的头戴式显示器。更小更轻的头戴式显示器非常重要，因为它们允许用户在体验的过程中自由地移动。

头戴式显示器需要几个核心组件来产生视觉体验。内置在显示屏上的透镜可以使用户的眼睛集中在虚拟现实空间中的物体上，并获得正确的景深。事实上，一个人的眼睛不会聚焦在镜片上，而是聚焦在虚拟环境中和物体的距离上。显示器本身在镜头之外，它产生两个有略微差异的图像，分别对应左右眼，及在两个眼睛之间生成立体图像时产生深度和维度。这种立体效果可以欺骗大脑，使之相信自己在一个三维世界中漫游。有助于实现沉浸的还有耳机或内置立体声音响，它们能产生精确的立体声。这使得狗的吠声或汽车引擎的声音听起来更真实，因为可以感受到声音移动得更近或更远，或穿过水平面。

虚拟现实体验的需要定义了一些技术要求，虚拟现实视觉部分的最小可接受刷新率为 60fps。任何低于此刷新率的内容都会导致视觉的不流畅感，从而导致眩晕。一般高端游戏机的运行帧率为 60 fps，而电视的帧率约为 30 fps。2018 年初发布的 Oculus Go 以 72 fps 的帧率、2560×1440 像素的分辨率运行，重新定义了消费级虚拟现实。这将带来更真实、更平滑、更无缝的视觉体验。

Oculus Go 还使用了一种叫作视网膜凹式渲染(foveated rendering)的技术,以低画质渲染周边视力的画面,以突出中心内容,这种真实的视觉体验实际上和目前所有电脑3D渲染方式区别很大,这种技术使开发人员能够更充分地利用计算资源。[10]

头戴式显示器的视场角(FOV)普遍在90°~110°之间,少数系统提供的视场范围高达150°或更高。就像AR眼镜和AR头显一样,系统的视场决定了真实场景带给用户的真实感。FOV太低,用户会感到仿佛戴着"浮潜面具",会破坏整体体验。广阔的视野带来更大的现实感和沉浸感。180°以上的FOV基本能够延伸到人的周边视觉边缘,可以达到人裸眼视觉的真实感受。目前,面临的挑战是更高的FOV会导致图形分辨率和清晰度降低的问题。

工程师不断地应对这一挑战。随着GPU芯片变得更强大,并能更好地适应虚拟现实的视觉计算需求,FOV会不断增加,伴随FOV的提高,VR系统的视觉质量也将继续提高。Nvidia和高通等公司推出的新芯片组正在进一步推动虚拟现实技术的发展。这些芯片更擅长处理运动、像素着色以及其他密切影响虚拟现实体验的技术和元素。

3.7 运动跟踪的重要性

运动跟踪和导航在虚拟现实中很关键。例如,Oculus Rift 提供了一种称为Touch手环的游戏控制器,人们戴在手腕上,可以提供在虚拟世界中移动所需的运动跟踪机制。更新的产品Oculus Go提供了一个更紧凑的手柄控制器,带有触摸表面和专用按钮。在虚拟现实空间中,Oculus Go手柄可以发射出一个激光束,从而实现导航界面交互。相比之下,HTC Vive提供的虚拟现实手柄,不仅允许用户在虚拟现实世界中导航,还可以模拟真实世界的物体,并带入虚拟世界。它还提供运动专用球拍上类似的手柄控制

器腕带，防止用户在虚拟环境运动中不小心丢掉了真实的手柄。

当然，虚拟现实系统需要跟踪检测用户的动作和反应，而且这个反馈过程最好控制在30毫秒内，通常最多的延迟为50毫秒。运功跟踪检测包括手、身体、眼睛和头部的运动。头部运动检测最为重要，因为头戴式显示器需要伴随着人的转动或倾斜（包括向上、向下或向后看）进行显示内容的调整。有些系统，比如索尼的PlayStation VR，使用一系列LED灯和外部摄像头来跟踪头盔的运动。Oculus Rift依靠配有红外发光二极管的定位系统来跟踪用户的移动。软件系统将跟踪到的这些数据转换成用户在虚拟现实环境中的位置场景。还有一些虚拟现实系统利用传感器（通常是陀螺仪、加速度计和磁强计的组合）来跟踪和检测运动。

目前最先进的头戴式显示器包含眼睛跟踪功能，可以提供关于用户在看什么或是如何反应的反馈信息。视网膜凹式渲染技术使用头戴式显示器中的传感器跟踪眼睛的运动，系统优先考虑一个人正在看什么，并通过数字图像处理，针对眼镜看到的中心范围产生更高分辨率的图形。这项技术允许开发人员在用户的视觉非重心范围低画质渲染不重要的图形和其他事件。通过使用这项技术，工程师和开发人员可以充分利用GPU和CPU，在虚拟现实图形渲染和音频计算中获得最大性能。

到目前为止，大部分头戴式显示器还需要通过电缆为设备供电，同时也需要从智能手机或个人电脑接收信号。然而，虚拟现实系统正在迅速发展成为独立的设备。电缆和电线正被可移动的处理器、内存和存储设备以及续航时间超过30小时的可充电电池所取代。最新的设备，如Oculus Go和联想白日梦VR系统，它们可以完全独立于计算设备运行。Oculus Go还内置了音频系统，这个平台不再需要外部跟踪设备，它的内置传感器可以跟踪捕捉人的头部位置和运动。

研究人员还在探索直接通过脑机接口来进入虚拟现实空间的

途径。[11]名为 Neurable 的创业公司正致力于完善一款使用电极和名为脑电图(EEG)的技术来捕捉大脑活动的头戴式显示系统。这套设备通过脑电波分析软件破译大脑活动信号,并将其转化为虚拟现实空间内的行动。[12]在未来,这种无创的脑机接口(BCI)可能会彻底改变人们使用扩展现实的方式。这种技术甚至可以让盲人获得一定的视觉。[13]

3.8 触觉反馈更加敏锐

触觉手套正在迅速发展,研究人员正在重新定义触觉反馈技术和用户体验。当下许多虚拟现实手套的问题在于,它们只提供基本的触觉反馈,这些反馈用来模拟压力、纹理和振动。但是,在实际体验中,轻微的震动、刺激或对手指的拉动,这些体验与真实世界中相应的体验差别很大。HaptX 创始人兼首席执行官杰克·鲁宾解释:“这些系统并不能真实地模拟大脑的预期感受。光滑的物体感觉不到光滑。粗糙的物体感觉不到粗糙。橘子触摸起来感觉不像橘子,泥土触摸起来也不像泥土。每次体验与期望不符时,虚拟现实体验感就会大打折扣。”

HaptX 公司瞄准了触觉反馈方面的挑战。HaptX 手套依靠智能织物中的微流体来提供更高密度和更大幅度的反馈点。系统使用几百个微小气孔组成的“皮肤”材质的纺织品手套,可利用气体膨胀来取代皮肤感知,让用户感觉到手在虚拟世界中模仿触摸物体的体验。换言之,在虚拟环境中戴着 HaptX 手套的人会感觉触摸到虚拟对象就好像它是真实的物体一样。软件系统通过控制 HaptX 系统中的阀门和传感器,将有关压力、纹理和感觉的数据转换成数学模型,模拟人体肌肉骨骼系统的工作方式。杰克·鲁宾说:“我们设想创造一个全新的世界,让人们的 VR 体验和真实世界一模一样。”

还有很多其他团队也在探索触觉技术。微软的一个研究小组开发了一种多功能的触觉装置，叫作 CLAW，它允许用户抓取虚拟物体，触摸虚拟表面，并像真实物体一样接收触觉反馈。[14]该设备通过感知用户的抓取和虚拟场景的情境差异来适应触觉表现。微软的博客中写道："当用户将手指指尖移向虚拟对象的表面，将生成一种推回手指的阻力，并阻止手指穿透虚拟表面。[15]另外，当食指沿着虚拟表面滑动时，安装在食指尖端下方的音圈将产生来自表面纹理的小幅振动。感知用户施加的力量也可以提升用户与虚拟对象的交互。"微软同时还正在试验触觉轮和其他可用于虚拟现实和增强现实应用的设备。[16]

Oculus 进行了触觉手套的实验，包括模拟内部"肌腱"的紧张和松弛。这套系统在虚拟现实环境中通过创造像拉伸橡皮筋一样的阻力感模拟人的触觉，用户通过使用触觉手套获得更精确的触觉反馈。Oculus 提交的美国专利中提到："触觉反馈有助于产生一种错觉，即用户正在与真实对象交互，而实际上对象是虚拟对象。"另一家名为 Kaya Tech 的公司开发了一种名为 HoloSuit 的全身虚拟现实跟踪和触觉系统。最新的产品包括 36 个传感器、9 个触觉反馈装置和 6 个击发按钮。

3.9 破解 VR 密码

支持虚拟现实的软件系统体系迅速发展。各种 SDK 不断扩展虚拟现实的空间，虚拟现实操作系统也开始出现。谷歌公司在 2016 年首次推出虚拟现实操作系统 Daydream[17]，允许 Android 智能手机用户使用 YouTube 和 Netflix 等内容提供商提供的各种虚拟现实应用程序，以及包括谷歌地球(Google Earth)的谷歌自己的产品。与此同时，微软为 VR 头戴式显示器开发了全息操作系统，还有很多其他公司也纷纷进入 VR 操作系统领域。

虚拟现实应用的数量不断增长。Oculus 平台提供了数以千计的应用程序，从赛车和登山应用程序到太空任务、历史事件和 VR 电影，应有尽有。平台还提供旅游应用程序，如飞越古罗马和谷歌地球虚拟现实与街景等。这些应用使用户可以体验全三维沉浸的真实感受，飞越曼哈顿的天际线，穿越厄瓜多尔的安第斯山脉，沿着尼罗河飞行，穿过大峡谷。虽然一台计算机可能会产生惊人的图形，但虚拟现实空间实际上使这些空间看起来更加真实。

虚拟现实的核心是一个叫作 6 自由度（degrees of freedom，DOF）的概念。自由度的意思是，用户在虚拟现实环境中能够向前和向后、上下和横向自由移动（译者注：6 自由度指分别沿空间坐标的 x、y、z 轴平移和旋转，一个方向的一种移动为一个自由度）。当然，对于戴着头戴式显示器的人来说，盲目地在真实空间里走动，有很大风险与墙壁、家具和其他危险品碰撞。这就是为什么虚拟现实要获得更大的真实感，就需要全方位的跑步机的原因。顾名思义，全方位跑步机装置允许人在任何时候朝任何方向移动。当虚拟现实系统能够通过全方位跑步机获得人的运行方向信息时，在跑步机上行走或跑步，感觉就仿佛在现实环境中一样自然了。

无论有没有安全带，全方位跑步机都可以模拟从丘陵到平坦的各种地形上的行动。由此产生的全身互动可以改变用户对各种刺激和事件的感知方式。目前，美国陆军的研究人员已经开始使用这个方式，部分公司也已经尝试开发一种可以商业化使用的跑步机。一款名为 Infinadeck 的全方位跑步机系统就能够允许用户在任何方向上实时地改变方向。据报道，美国哥伦比亚广播公司已经研究将全方位跑步机用于绿幕场景，这样演员可以在虚拟背景场景中的摄像机范围内任意走动。[18]

另外一个全向虚拟现实设备叫作 VirtuSphere。[19] 它是放置在一个特殊的平台上的可以自由旋转的“球”形装置，用户在这个 10

英尺高的球形空间内进入一个完全沉浸式环境。当用户迈出一步或改变方向时，系统会实时做出响应。球体、滚轮平台和滚动杆支持自由运动，虚拟球中的人戴着头戴式显示器，通过软件做出相应运动。到目前为止，这套装置已用于训练军事人员、警察和核电站及其他需要高度专业技能的高风险设施的工人。这套系统也逐渐开始被博物馆、建筑师和家庭游戏使用。

还有一个正在快速发展的技术是虚拟全息甲板(virtual holodeck)(译者注：最新的 Holodeck VR 可通过融合射频、IR 追踪和板载惯性测量单元，为移动头显带来多用户位置追踪 VR 体验)。通过生成真实空间的三维模拟，添加特定元素，允许人们在虚拟空间中自由移动。例如，VOID 虚拟现实体验馆可以引入一个虚拟现实主题，再现星球大战电影《帝国的秘密》或电影《鬼怪》中的场景。虚拟空间被称为“超现实”，允许参与者像在物理空间中一样四处走动[20]，体验包括视觉、声音、感觉和气味等。VOID 虚拟现实体验馆有很多个，在美国的加利福尼亚州阿纳海姆的迪士尼市中心、内华达州拉斯维加斯的威尼斯人和宫殿酒店，以及阿联酋迪拜市中心的城市步行街等。中国香港、韩国和其他地方也开始兴建体验馆。[21]这些体验馆引入了全息甲板、全方位跑步机和触觉系统等到多人游戏和其他应用场景中。

研发人员也在探索改善 CAVE 系统的方法，常用的方法是“重定向行走”，通常部署在 10 平方英尺或更小的 CAVE 系统空间中。[22]系统使用户认为是沿着直线行走，而人实际上是沿着弯曲的路径行进。[23]虚拟现实系统缓慢地、悄无声息地旋转和调整图像，这样用户会感觉稍微失去平衡并调整自己的步态来适应。这项技术使人们能够更有效地利用 CAVE 系统空间，让用户以为在无限的空间中。(译者注：人类不擅长走直线，给人戴上眼罩，他就会走成一个圈。在虚拟现实中，这种缺陷就变得非常方便。人类很不擅长感知自己在所处空间里的位置，所以微妙的视觉提示可以诱导他们相信自己正在探索一个巨大的区域,实际上他们从来没有离开这个房间,这个程序被称为重定向行走。)

3.10 混合现实的结果

伴随"现实"被重新定义和设计的同时,数字技术不断发展并与之匹配,一系列过往很难实现的体验现在都成为了可能。混合现实(mixed reality)有时被称为混杂现实(hybrid reality),结合了虚拟和真实世界,在现实与虚拟的范围内创造了一种全新的体验。在这个计算机生成的空间中,真实对象与虚拟对象和事物共存。从基本的概念上理解,任何介于完全虚拟环境和完全真实环境之间的内容都属于混合现实的范畴,包括前文中的增强现实和虚拟现实都属于不同方式的混合现实。[24]混合现实可用于各种应用,包括模拟训练环境、交互式产品内容管理和人造环境等。

例如,虚拟现实环境包括可以让人进入虚拟的展会空间,也可以包括现场演示的人或实际的展位,这些人和展位都是经过真实环境虚拟化处理,并通过实时视频流输入到虚拟展会的环境当中的。同样,真实的展会空间中也可以包括带有增强信息层的虚拟环境,这使真实现场的用户可以进入虚拟展厅,查看不同的汽车或电器,还可以单击它们查看功能和规格。此外,用户可以使用 AR 眼镜来观看一个特定的场景,比如体育赛事,但当他接下来看虚拟现实即时回放的时候,自己会被插入到场景中,和体育赛事混合成一个整体。

毫无疑问,混合现实带来了新的机遇和挑战。其中最重要的是,用于虚拟现实和增强现实的所有技术和系统必须无缝集成。图像、文本、视频和动画必须恰当地同步。在一个混合的现实空间中,视觉、触觉和听觉体验以易于理解和使用的方式呈现至关重要。与任何计算设备一样,界面和交互的易用性是系统成功的关键因素。当将实时影像插入虚拟环境或将虚拟环境嵌入到实时场景中时，系统实现的难度将被放大，需要底层软件和算法必须无缝地互连互通。

3.11　没有边界的真实世界

虚拟现实系统通过三种类型的集成计算机处理来协调所有这些任务和技术。

输入，将数据传送到计算机或智能手机的设备，包括控制器、键盘、三维跟踪器或语音识别系统等；

模拟，将用户的行为和动作转换为虚拟环境中的结果；

渲染，产生用户在虚拟环境中体验到的视觉、声音和感觉等，包括触觉和听觉生成系统。

设计师、工程师和系统开发人员组合适当的扩展现实技术并优化系统工作方式，结果得到一个连续的反馈回路：通过图像、图形、视频和音频流让用户沉浸其中（或在 AR 眼镜上显示恰当的数据或图像），同时准确地捕捉传递图像、声音和触觉等的交互信息，及时反馈并调整输出（译者注：沉浸—交互循环）。由此，用户感觉就像在真实世界中一样。最终，增强现实、虚拟现实和混合现实将不再仅仅是一种观察物体和事物的新方法，而是一个可以在数字和真实世界中导航的全新体系。

结果将带来一种新的、不同类型的超越人类感知局限的现实。在某些情况下，可能导致联觉感应。（电信号组合欺骗大脑，使之相信身体的某些部分已经被触碰或刺激或者一些其他真实的动作或事件）。（译者注：一种通道的刺激能引起该通道的感觉，现在还是这种刺激却同时引起了另一种通道的感觉，这种现象叫联觉。例如，看到红色会觉得温暖，看到蓝色会觉得清凉，听到节奏鲜明的音乐会觉得灯光也和音乐节奏一样在闪动。）可以肯定的是，增强现实、虚拟现实和混合现实不仅仅是一些复杂的技术，还需要了解人类的行为、社会互动以及扩展现实如何影响人体和大脑。这需要更深入地理解身心联系以及技术对从思维到本体感觉的影响。

设计师、工程师和系统开发人员组合适当的扩展现实技术并优化系统工作方式，结果得到一个连续的反馈回路：通过图像、图形、视频和音频流让用户沉浸其中（或在AR眼镜上显示恰当的数据或图像），同时准确地捕捉传递图像、声音和触觉等的交互信息，及时反馈并调整输出（译者注：沉浸—交互循环）。

4

扩展现实成为现实

4.1 XR 不仅仅是技术

要让人的大脑和身体相信虚拟体验是真实的，需要复杂的数字技术组合。更重要的是，所有不同的软件和硬件组件必须无缝且连续地协同工作。任何故障、缺陷或中断都将破坏沉浸体验。例如，如果图形出错或音频与视觉不同步，整个体验会变得很糟糕。延迟或卡顿都会将扩展现实系统的真实感破坏。事实上，研究表明，在虚拟环境中，即使 50 毫秒的微小延迟带来的影响也很明显。[1]

在 AR 应用领域内，技术问题同样严峻。将手机悬停在菜单上，翻译应用程序将法语转换为英语或将德语转换为汉语，如果应用程序显示错误的字母单词或翻译的意思不正确，可能会产生很多歧义。当智能手机摄像头对准房间时，可以观察虚拟的沙发或书桌在房间里的样子，如果虚拟物品在房间里飘浮或比例不正确，就会成为非常滑稽的场景。仅仅显示对象是不够的，对象必须锚定在正确的位置，并且看起来与房间中的外观非常接近。对象的尺寸、比例、颜色和视角都很重要。

毫无疑问，协调和应用数字技术是非常重要的。然而，创建良好运行的系统和应用程序也需要关注其他相关领域，包括人性因素和生理学、心理学、社会学和人类学等。戴着增强现实眼镜或在虚拟世界里的人必须得到适当的暗示和信号来理解如何实现互动的提示。应用程序设计者面临的挑战之一是如何将情境感知融入到持续的反馈循环中。从本质上讲，系统必须识别和理解人类在任何特定时刻在做什么，同时人必须识别和理解系统在做什么。如果这一过程的任何一个环节失败了，扩展现实的体验将无法完成系统交互的要求。

普遍认为，虚拟现实和其他形式的扩展现实必须产生与现实世界一样的真实体验，但这种认知并不一定是必要的。在大多数情况下，我们的目标是创造一个看起来足够真实的环境，从而在人的大脑中触发期望的反应，这包括运动的错觉、听觉或触摸的感觉，但其实完全没有必要复制现实世界。就像人在知道电影不是真实的情况下也能够欣赏一部电影一样，用户也可以接受不够真实的虚拟现实或增强现实系统如同真实的一般。

为了达到一个平衡，设计和构建扩展现实结构，特别是虚拟现实软件和系统的架构师必须在逼真度和效率之间做出权衡。更高的像素分辨率和更好的图形效果势必增加对系统的要求，以实现快速准确地渲染图像。如果底层计算平台跟不上虚拟现实的处理需求，那么技术系统就会崩溃，系统的性能就会受到影响，扩展现实所带来的魔力也就不复存在了。

然而，即使工程师和开发人员能够制作出一个超现实的虚拟世界，他们可能也不会这样做。人类的大脑和身体对虚拟环境是真实的感受可能会遇到红线，人在虚拟现实环境中会变得不知所措，可能会遭遇恐慌、害怕、眩晕，甚至最坏的情况是心脏病发作或导致其他严重疾病或死亡问题。

普遍认为，虚拟现实和其他形式的扩展现实必须产生与现实世界一样的真实体验，但这种认知并不一定是必要的。在大多数情况下，我们的目标是创造一个看起来足够真实的环境，从而在人的大脑中触发期望的反应。

4.2　感知就是一切

我们认为我们的身体运动和周围世界的运动是理所当然的，这再正常不过了。从我们出生的那一刻起，我们就用我们的腿、脚、胳膊、手和眼睛、耳朵和嘴巴在内的感知器官来体验和感知我们周围的现实空间。随着我们从婴儿到幼儿，从儿童到成人，我们学会了精确的动作，这些动作使我们能够走路、跑步、扔球、吃东西、骑自行车和开车。在任何特定的时刻，我们大脑中包括视觉、声音、嗅觉、触觉和味觉的这些计算的组合，都会指导我们的身体做出对应的行为。我们实际上是在潜意识下进行复杂的三角运算。

本体感觉是指我们如何感知环境并相应地运动躯干和四肢。这种心理和生理的行为基本上是所有人都基本相同的连接计算过程，它允许我们完成许多行为，例如：吃东西时不看嘴，甚至不看餐具；切胡萝卜时，用正确的压力切割；蒙着眼睛拿起笔，签上我们的名字；开车同时切换电台或伸手去拿后座上的东西。这种“位置感”涉及整个神经系统，使我们能够处理一系列不能同时完成的工作。专门从事肌肉骨骼医学的骨科医生 Sajid Surve 认为，“这种感觉对我们的功能是如此重要，以至于我们认为它的存在是理所当然的。”[2]

当然，在真实或虚拟世界中的任何活动中，我们的大脑都会不断地接受刺激信号。人类大脑中有超过 1000 亿个神经元和 10 亿个突触持续监测环境并处理眼睛、耳朵、鼻子、皮肤和嘴巴收集的感官数据。NextGen Interactions 联合创始人兼首席顾问、杜克大学附属学院成员约瑟夫·杰拉尔德指出，“我们不是用手、耳朵和眼睛来感知的，而是用大脑感知的。我们对现实（或虚拟）世界的感知并不是现实或所谓的‘真相’，我们的感知是对现实的一种解释。”他指出，“要清楚实际情况下，物体并没有进入我们的视网膜，我们看到的是光线从这些物体反射到我们眼睛里所带来的刺激。”[3]

事实上，心理和生理的交集是虚拟现实的一个关键因素。物理研究表明人并不能准确地感知世界。汉堡大学信息学系人机交互教授弗兰克·施泰尼克发现，人并不一定遵循他们认为在现实世界中所遵循的道路规则。[4] 人一旦迷路，就会在森林和沙漠中打转，这种情况在几乎没有地表覆盖物的地区就变得非常明显。[5] 事实上，戴上眼罩或者在虚拟环境中，用户相信自己走的是一条直线，而实际上他们是在走一条弧线。如果没有反馈，人就会跟随感觉，无法回到正确的路径上来。他们认为自己走了很远的路，回头看到的景观即使很熟悉，也觉得可能是被周围的环境弄糊涂了，而不知道自己一直在转圈。

应用程序设计者创建虚拟世界或者增强现实系统时，必须考虑到这些类型的错觉。在很多情况下，虚拟现实空间需要虚拟扭曲和其他技术来创造真实无限感。这表示，通过正确的设计和正确的设备，如全向跑步机、全息甲板或虚拟球体等设备，虚拟环境所占用的空间比虚拟环境需要呈现的空间要少得多。这种错觉类似于一部带有背影的电影，其真实边界实际上只停留在很短的距离之外，但看起来的边界似乎会将场景延伸到无穷的远方。

当然，设计师和应用程序开发人员还必须掌握许多其他技巧，例如，利用阳光照射和阴影、树木的生长或者地平线，这些都是创造真实感的关键要素。他们可以变换调整，从而创造一个理想的世界。但是这样做也有风险：如果虚拟空间违背了现实世界感知的基本物理和现实特征，那么这个空间可能会产生定向障碍、运动病和认知障碍等问题。因此，虽然设计师可以用某种方式操纵人类的思维，但他们也必须尊重人类思维的局限性。可以调整某些角度，扭曲某些东西。但是过多的自由发挥和扭曲必然导致系统最终走向失败。

4.3 聚焦感知

确保虚拟空间在真实世界中正确运行是非常困难的。我们的身体感知事物和我们自身的方式有很多复杂性。这就是为什么患有中风或其他损伤的人会发现以前简单的动作变得异常困难。这个人必须使用新的神经连接来重新学习动作。为了在增强现实和虚拟现实空间中获得令人信服的结果,计算机必须处理如山的海量信息,并将其转换为自然的界面和动作。这需要在复杂模型中嵌入软件代码,使人能够使用头戴式显示系统、触觉反馈系统和其他虚拟输入输出技术与计算机实时交互。这个过程可以看作是一种数字形式的本体感觉。

尽管虚拟现实技术取得了巨大进步,但如今的系统仍然相当初级。大多数虚拟现实设计师专注于创造真实的视觉效果,而其他感官输入,如音频和触觉仍然是乏善可陈,或者最终被完全忽视。然而,缺乏一系列完整的感觉信号以及由此产生的对大脑的刺激正是创造人类本体感觉的框架,将可能导致感觉输入和输出之间的不匹配。这种差距通常会产生一种令人不够满意的虚拟体验。

杜克大学的杰拉尔德指出,虚拟现实中有许多感知心理学成分。[6] 这些包括一系列因素:客观现实与主观现实;远端和近端刺激;感觉与知觉;潜意识和意识思维;内在、行为、反思和情绪过程;神经语言编程;空间、时间和运动;注意模式以及适应方法。从实际意义上讲,所有这些因素都能够通过按钮、眼球运动和定向凝视、手势、言语和其他身体动作(包括在虚拟空间中移动的能力)与增强和虚拟现实技术实现交叉。

虽然实现这一切的复杂性并不会带来什么损失,但是这些不同问题和组件的交叉使得创造一个精彩的虚拟空间变得更加困难。一个优秀的感知模型是不够的，所有环境都需要更改，以适应虚拟应用程序中发生的几乎无限的操作、行为和事件流。更重要的是，人们的行为和反应有时是不可预测的，将所有这些转化为算法是非常重要的。而所有这些又会因为现有的信仰、记忆和经历而变得更加复杂，而且这些信仰、记忆和经历因人而异，还跨越不同文化。

最后，在头戴式显示系统中构建强大的图形处理和显示功能是关键。软件系统必须能够理解计算机生成的虚拟世界和在真实世界中使用它的用户的所有运动和行为，并生成一个真实可信的虚拟空间。例如，Oculus Rift 取得了突破性进展，它使用每只眼睛刷新率达到 90 赫兹的 OLED 面板。面板刷新速度极高，每帧图像出现时间仅 2 毫秒，这使得图像显示模糊最小且延迟极低，从而带来更加真实可信和身临其境的虚拟环境视觉体验。

虽然增强现实在技术和实践上的挑战程度并不相同，它也不受物理和人类行为规律的影响，但增强现实仍然需要创造感官真实的体验，许多相同的心理和生理因素也同样适用。此外，根据显示技术、具体应用和用途，增强现实还需要考虑本体感觉和人们如何感知扩展空间。例如，视觉混乱或容易导致分心的界面可能会使体验混乱、迷惑甚至会带来危险。

4.4 交互问题

了解人们在增强或虚拟的空间中的行为和反应至关重要。因此非常有必要详细地识别交互模式。这些交互数据不仅有助于创造更好的体验，还提供了关于如何创建界面和最大化可用性的有用信息。虚拟现实系统允许人们通过使用按键和其他输入系统的物理控制来选择对象和事物，包括手、手臂和全身手势，语音和语音控制以及虚拟选择系统，例如触摸虚拟空间中的虚拟对象。反

过来，这些交互操作也需要工具、组件和虚拟菜单来完成。无论使用什么样的具体方法，计算机都必须通过传感器和反馈系统来感知人在做什么。

交互界面的难题超出了用户控制的范畴。提供视点控制是必需的，包括漫步、奔跑、游泳、开车和飞行等活动。在这些活动中，导航和漫游需要多点触控系统和自动控制工具，这些系统和工具通过传感器和软件来检测用户在特定的时刻正在做什么或计划做什么。因此，设计者必须从使用应用程序的用户的角度思考，考虑对象和事物之间的关系，并将用户放在活动的恰当位置。在一些情况下，用户可以控制环境，而在另一些情况下，软件可以帮助或管理响应用户所做的事情，或提示用户改变行为。

实际应用往往是需要多种不同类型的输入，此外，还可能需要在多种输入方式之间来回切换。例如，在虚拟体验开始时，用户可能会使用物理按键来选择一个操作。稍后，用户可能会使用虚拟菜单，还可能依赖手势或触觉反馈来模拟捡起或投掷对象。其间，可能还需要语音命令。例如，有人可能会在虚拟空间中触摸某个物品，然后将其放入购物篮，但后来又决定将其放回原位。在这个过程中，通过语音说“拿开”或“删除”对象的名称，这种输入方式相对会更简单容易一些。当然，整个过程计算机和软件系统必须持续对输入和指令做出响应。

随着虚拟环境的发展变革，交互任务变得越来越复杂，也越来越吸引人。其中一个关键问题是如何处理在虚拟环境中的移动问题。向任何方向迈出一两步的移动都是很简单的，但在移动过程中，人有可能会撞到家具、墙壁和其他人等实物。在虚拟环境中协调行走或其他运动行为还涉及物理和虚拟的一些技巧。全向跑步机和全息甲板就是非常有用的工具，可以用来在虚拟环境中无限移动。设计师也可以使用“隐形传态技术”，比如模拟鸟或飞机，将用户从虚拟世界的一个地方传送到另一个地方。这些技术还包括其他视觉和感官技巧，在没有实际运动的情况下创造一种运动的错觉和感觉。

另一个问题是创造事件正在发生的假象，比如，驾驶飞机或乘坐宇宙飞船旅行，但要避免实际重力（加速度和快速运动产生的压力）过载的感觉，这需要柔和的体验过程。这项技术有助于减少导致眩晕或晕车的感官不适。工程师们给这个概念起了个名字：静止参考体系，指的是帮助用户获得空间感的停顿时刻。例如，赛车手或宇宙飞船驾驶员通常会感觉到车辆在高速行驶时发出的咔嗒声、振动感和俯仰感。在虚拟世界里，汽车或宇宙飞船不会移动。代之以外部环境以赛车或宇宙飞船的速度闪过，用户同时感受到其他感官刺激，如振动和声音等。

在虚拟世界中，有必要制造一种事件正在发生的错觉，但要避免实际重力（加速度和快速运动产生的压力）过载的感觉，这需要柔和的体验过程。这项技术有助于减少导致眩晕或晕车的感官不适。

静止参考体系依赖一个基本但重要的原则：将动态视野和静态视野结合起来。从实际意义上讲，这意味着显示器的某些部分内容处于运动状态，而其他部分则不运动。通过使对象在特定帧中淡出可以欺骗用户的大脑。在虚拟现实空间中，刺激太多和太少之间存在微妙的平衡关系。用户，尤其是那些玩游戏的人，渴望刺激的体验。需要注意的是，虽然瞬间传送在一些情况下很有用，但并不总是可取的，因为它压缩或消除了虚拟世界的一部分内容。动态静止参照体系创造了一种平衡，因为它提供了活动的兴奋和沉浸感，而又不会造成心理和生理上的超负荷。

动态静止参考体系的另一个好处，是可以动态地根据用户的移动和输入进行调整。因此，它可以用来引导不同方向的焦点，这对于指导用户如何查看空间或如何在空间中导航非常有价值。但

这并不是虚拟现实开发者能够使用的唯一视觉和感官技巧，他们还可以使用一种名为缩小视野的更简单的方法，即将注意力集中在参与者看到的东西上。这项技术在游戏中被广泛使用，也出现在旧的无声电影中。在一些情况下，尽管动态静止参考体系提供了更大的稳定性，但开发人员也可以同时使用这两种技术。

4.5 真实触觉

创建真实虚拟体验的另一个关键要素是触觉，产生真实触觉事件的过程体验不是一件简单的事情。人以非常复杂的方式体验到触觉，皮肤中的神经末梢将压力、热量和其他感知的信息传递给大脑，大脑快速决定了这种感觉是什么，它意味着什么。这有助于人类理解如何在咖啡杯太热拿不住或丝绸织物抚摸皮肤的现实环境中快速做出行动和反应。当然，这些感觉会导致愉快或痛的感受，这种反馈回路被称为躯体感觉系统。

触觉系统必须考虑许多因素。人的手由 27 块骨头组成，通过关节、肌腱、肌肉和皮肤相连。这种生理结构提供了 27 自由度。除拇指外，每个手指有 4 个自由度，3 个用于伸展和弯曲，1 个用于外展和内收；拇指有 5 个自由度；还有 6 个自由度用于手腕的旋转和平移。[7] 因此，人的手可以做出按压、抓握、捏、挤和划等动作。当一个人触摸或握着一件物品时，会发生两种基本的反应：触觉（即与物体接触的基本感觉）和动觉（伴随着压力的运动感）。当神经系统向大脑传递信号时，人不断地调整，以处理手上的动作。

将这一过程转换并映射到数字环境需要传感器、人工肌肉和肌腱以及复杂的软件。操纵杆和其他基本的计算输入设备不能提供超过 3 个自由度。实验室里出现的其他触觉设备已经将自由度因子提高到了 6 个，有时甚至是 7 个。相比之下，HaptX 公司的产品在每根手指上的跟踪精度可达到 1/3 毫米，每个手指有 6 个自由度,包括手腕和手掌,总共36个自由度。使用该系统的人可以从事各种各样的任务,几乎任何轴上的详细运动都可以被精确地跟踪。

在实际的触觉交互开发中,并没有必要复制手的生理机能。HaptX首席执行官杰克·鲁宾说:“这个系统欺骗大脑,让它们认为你在触摸真实的东西。”这项技术比使用电动元件的系统精确得多。在未来,这项技术可以被植入全身套装和外骨骼中,创造不止于手指和手的触觉感受。通过与全向跑步机或专用运动跟踪室等高保真运动跟踪系统和其他系统一起使用,用户实际可以在虚拟环境中体验真实世界的各种活动,包括从飞机上跳伞、深海潜水或攀登陡峭的悬崖等。

4.6 嗅觉和味觉

创造真实的虚拟现实体验研究中包含有嗅觉和味觉的部分。虚拟现实中的味觉和嗅觉可以让用户不用去餐厅就能品尝或者闻一道菜,帮助培训危险品工作人员识别潜在危险气体。还可以让旅行社在普罗旺斯创建一个虚拟的薰衣草田,或者创建一个虚拟的巴黎糕点店,这样虚拟现实中的旅行者不用亲身前往就可以获得身临其境的感觉。通过将气味和味觉与视觉和触觉相结合,可以达到虚拟现实的主要目标:一种完全沉浸式的、令人信服的虚拟体验。

产生虚拟气味的技术不断进步,其中有特殊的油、化学物质和粉末等,这些物质被压力或电信号激活并释放到气味室中。[8] 例如,斯坦福大学的虚拟人互动实验室就已经调制出看起来和闻起来都和真实的一模一样的虚拟甜甜圈。[9] 名为FeelReal的公司制造了一种感官面罩,它在产生气味的同时还能模拟其他感官刺激,包括热量、水雾、振动和风的感觉。该公司声称这款面罩可以在玩虚拟现实游戏时产生真实的“火药味”,或是在三维虚拟花园中漫游时能

够闻到花香。这款无线传感面罩可以安装到 Oculus Rift、索尼和三星的头戴式显示器上，通过化学物质产生包括丛林、燃烧的橡胶、火和海洋的多种气味。[10]

研究人员还在努力将味觉融入虚拟环境。例如，在新加坡国立大学，研究人员开发出一种数字棒棒糖，可以模仿不同的棒棒糖口味。[11]研究人员尼美莎·拉纳辛赫[12]表示，他们的目标是建立一个系统，让人们品尝电视或互联网上烹饪节目上看到的菜谱。这项技术通过使用半导体来管理交流电，并将温度的微小变化传递给使用者。通过这种方法欺骗口腔中的味觉感受器，或者更具体地说是大脑接收到信息，让大脑相信电信号带来的感觉就是味觉。这个研究小组同时还在探索如何用电极在互联网上实现味觉的传播。

4.7 从实验室到虚拟世界

在现实世界中，将各种各样的要素组合起来并创建逼真的虚拟现实应用程序是一项艰巨的工作。虚拟对象要能够移动，还可以旋转、缩放和更改位置，更重要的是，用户需要能够选择对象并使用它们进行操作。这需要复杂的控制器和软件一起来管理数据流，并正确地呈现环境。真实的体验对于游戏很重要，但是对于训练警官如何拆解炸弹，或者帮助外科医生了解手术所需的切口，真实的体验就显得更为重要。

华特迪士尼幻想工程（译者注：华特迪士尼幻想工程是负责设计和建造世界上所有迪士尼主题乐园及度假区的迪士尼业务部门）的三名研究人员在 2015 年发表的一篇学术论文中指出“扩展现实的潜力受到诸多需要解决的因素的限制，包括缺乏合适的菜单和系统控制、无法执行精确操作、缺少数字输入、人机工程学方面的挑战以及难以保持用户注意力和保持沉浸感等”。[13]他们还指出系统设计者的目标是"开发交互技术,以支持构建复杂 3D 模型所需的丰富性和复杂性,同时最大限度地减少用户能量消耗,最大限度地提高用户舒适度。"

问题之一在于商业上现成的和广泛使用的桌面虚拟现实建模工具,如 Maya 和 SketchUp,无法提供创建健壮的虚拟环境所需的丰富的空间信息。一些工具使用二维界面创建三维空间。但更复杂的问题在于,虽然 3D 交互方式提供了更好的构建 3D 虚拟环境的方法,但这类软件大多缺乏 2D 工具箱的健壮性。这有点像用鼠标而不是数码笔在电脑上画出人的详细肖像一样困难。如果没有合适的工具,就不可能达到使肖像成为一件优秀艺术品所需的细节水平。

还有另一个根本性的问题:传统的输入设备,包括游戏控制器、摇柄和其他有按钮、触发器和操纵杆的交互设备,在设计之初就没有考虑过用于在三维虚拟世界中操作,这严重限制了虚拟现实系统输入和设计的方式,结果带来的是略显尴尬的虚拟现实应用。用迪士尼研究人员的话来说,就是"这可能会限制用户交互的表现力,因为这些类型的输入过于简单,同时由于大量输入和用户需要记住复杂的功能映射,从而使界面复杂化"。

迪士尼团队将注意力集中在开发一种混合型控制器上,这种控制器配置有触摸屏,提供带有物理按钮的外壳,并提供 6 自由度的理想交互状态。他们还专注于开发强大的软件,允许用户在虚拟空间中选择工具和小部件。迪士尼宣称他们的目标是生产一个带有触摸屏和浮动虚拟菜单的导航系统,该系统能够在从台式计算机到头戴式显示器和 CAVE 环境的各种屏幕和显示器之间进行交互。

许多其他企业也在不同方向做出大量探索和研究,例如初创公司 Nuerable,正在努力将大脑—计算机接口推到一个新的高度,即计算机使用大脑的直接神经反馈来实现对虚拟环境交互的完全

控制。这需要对大脑信号有深入的了解，并有能力减少来自大脑和电子系统的干扰，以产生一个可以实时运行的系统。该公司在其网站上声称“我们相信，科学研究已经进入神经技术革命的早期阶段，最终将脑机接口引入日常生活。神经技术在帮助和增强人类认知功能方面具有巨大的潜力”。[14]

一些研究人员和商业企业正在探索采用完全不同的方法将虚拟现实提升到更真实的水平。谷歌公司开始尝试光场摄影——这是一种可以捕捉场景中的所有光线，而不仅仅是直接通过相机镜头的光线，从而产生更逼真的虚拟图形的系统。[15]该系统使用由16个摄像头组成的环形装置，GoPro 摄像头位于弧中，从多个角度捕捉更多维度的数据，这种多维的数据场景是单摄像头时代无法企及的。谷歌公司提到他们的目标是制作360°的 VR 立体视频场景。无论是印加马丘比丘遗址还是国际空间站，都可以通过高端头戴式显示器乃至廉价的谷歌纸板头显看到这些360°的立体景象。

4.8 虚拟存在

在一个理想的虚拟世界中，用户打开一个增强现实或虚拟现实的应用程序，可以在没有帮助手册或任何指导的情况下就能够使用它。程序系统的界面直观，计算机图形真实可信。无论虚拟世界要模拟的是一个现实的地方，还是一个不可能存在于现实世界中的幻想世界，这个目标都是相同的。对于应用程序开发人员和数字艺术家来说，要达到这个目标需要新的植物、动物和生物，需要引入不同类型的化身，以及制作全新的虚拟设置和移动方式，通过这些设置和方式，在坚持物体物理特性的同时可以超越现实世界中的运动，例如在海底飞行或畅游。数字艺术家还必须思考如何通过光线、图案和感官线索来集中用户的注意力和重新引导他们的大脑和感官。

虚拟环境的成败最终取决于两个关键因素：信息的深度和广度。这个体系是计算机科学和通信专家乔纳森·施泰尔提出来的，围绕着最大化沉浸感和交互性的理念。[16]信息深度指的是环境的丰富性，如显示图形、分辨率、音频质量和技术的整体集成。环境的广度涉及整个虚拟现实技术平台涉及的各种感官体验和反馈。

事实上，这就意味着哪怕是在90%的时间内都能够准确操作的增强现实或虚拟现实应用程序也还是不够完善的。如果角色在游戏中有1/5的时间没有得到正确的反馈，或者有周期性地从视线中消失几秒的对象，就足以破坏整个游戏体验。同样，包含各种内容，提供像大杂烩一样的数据或错误的图形和信息，会混淆工程师并导致错误。然而，要在性能、可用性和合理性方面达都达到满分，又远远超出了现有的技术和知识水平。目前，系统的目标是创建一个简单可信的空间或应用程序，适当降低用户的感官需求，保证应用程序可以流畅运行。

当然，数字技术的进步必然导致未来的系统将更加复杂，功能组件将更加紧密和无缝地集成。逐像素、逐帧、逐应用、增强现实、虚拟现实和混合现实正在改变世界。事实上，这些虚拟技术已经改变了从制造业到娱乐业，从工程到医学的几乎所有的行业和部门。埃森哲实验室全球高级董事总经理马克·卡雷尔-比利亚德表示："世界正从平面显示走向三维沉浸。"

5

虚拟技术改变一切

5.1 扩展现实重新定义工作和生活

尽管虚拟技术已经以各种形式存在了几十年，但对概念的炒作往往超过了现实的情况。20 世纪 90 年代以后，扩展现实的发展经历了一个又一个错误。虚拟现实厂商一直在产品和功能上承诺很高，但却无法交付令人满意的产品。图形效果有很多不足，性能也不稳定，最终用户体验的评价基本上是平庸甚至是糟糕。这些不成熟的产品使虚拟现实技术带来的新奇感很快就消失殆尽，头戴设备和增强现实眼镜也纷纷被束之高阁，或被放到书桌抽屉里吸灰。

虽然过程坎坷，但是虚拟技术最终还是成形了。随着系统和软件的进步和硬件的完善，增强现实、虚拟现实和混合现实已经开始融入日常生活。奇点大学的未来学家、咨询师和教师雷切尔·安·西布利认为，未来几年，虚拟技术必然会影响到世界的每个角落和每个行业。她在 2018 年举行的 Trace3 Evolve 大会上表示："我们还没有看到消费者大量采用虚拟现实产品的原因有很多，而且，几乎每一家行业领先的科技公司都在争夺这一领域的领导地位。"[1]

是什么让扩展现实如此具有开拓性和潜在价值？西布利认为将是未来的技术平台。增强现实、虚拟现实和混合现实将数据、图像和对象转换成自然和易于理解的形态和形式。事实上，她把增强现实和虚拟现实称为未来的“结缔组织”。扩展现实技术弥合了机器和人类之间的鸿沟。她解释说：“每一个物理对象都可以被抽象化、流通化、大众化、数字化。”到目前为止，数码产品中的大多数相机、日历、通讯录、录音机和专门的应用程序都存在于智能手机中。

但是二维无论如何都不是三维，不管显示屏有多漂亮、多精彩，平板电脑都不能让人身临其境。简单地说，智能手机不能创造一个完整的感官体验。扩展现实技术将计算和数字消费推向了一个完全不同的方向。增强现实、虚拟现实和混合现实将从根本上改变人们学习、购物、建造、互动和娱乐的方式。技术通过重新连接感官处理产生了新的思维方式，使曾经看似遥不可及的事情变成触手可及，例如触摸一块罕见的化石，与海龟一起游泳，沉浸在尼亚加拉大瀑布的壮丽之中，体验泰姬陵、埃菲尔铁塔或壮丽的林肯纪念堂。

很明显，虚拟现实技术将从根本上改变人们学习、购物、建造、互动和娱乐的方式。技术通过重新连接感官处理产生了新的思维方式，使曾经看似深不可测的事情变成触手可及，例如触摸一块罕见的化石，与海龟一起游泳，沉浸在尼亚加拉大瀑布的壮丽之中，体验泰姬陵、埃菲尔铁塔或壮丽的林肯纪念堂。

让我们来简单介绍一下扩展现实如何在世界上运行，以及它将如何塑造和重新塑造多个行业和学科。

5.2 教育

互联网已经显著地改变了教育。互联网并没有取代实体书或虚拟书，它们仍然是批判性思维的有力工具。但互联网使远程学

习成为可能，催生了新型的在线学习方式，并引入了查看和搜索数据和信息的全新形式。然而，在很多时候，人与人之间的互动是必不可少的。尽管在线空间非常适合让用户在任何时间、任何地点筛选材料，同时以自己的速度学习提高，但缺点是课堂上缺乏直观的交互。在线学习并不能提供特别动态的体验。

增强现实和虚拟现实直接针对这一问题。一时间，用户就可以体验到熟悉的真实学校场景，而不必去校园，也不必去真实的课堂。通过使用化身、物理对象和地点的虚拟表示、图形界面和模型等，参与者可以跨越诸如消息传递、聊天、视频和白板等二维工具，以身临其境的方式体验讲座、讨论或虚拟实地考察等。从分子、数学公式到星际物体，用户可以以最佳的形态和形式观察事物。最终，增强现实和虚拟现实技术将允许人们以更自然和无缝的方式进行互动。

学术研究支持增强现实、虚拟现实和混合现实是促进学习的有效工具。扩展的现实也使得学习更具吸引力和乐趣。例如，加拿大萨斯喀彻温大学进行的研究发现，对研究空间关系的医学生来说，使用虚拟现实技术可以提高大约20%的学习正确率。[2] 当研究团队在接受指导后的5～9天对参与者进行测试时，那些通过虚拟现实学习的人得分明显高于那些用教科书的人。一位研究的参与者说："一个星期后，我似乎又回到了我的脑海中，带回了那段经历。"[3] 同样，马里兰大学研究人员在2018年进行的一项研究显示，通过使用虚拟现实技术，参与研究的人员总体回忆准确率提高了8.8%。[4]

扩展现实提供了从幼儿园到大学及以后扩展学习的机会。学生们可以参观动物园，登上月球表面，观看《独立宣言》的签署，在他们的化学实验室里浏览分子的立体图形表示，观看冰岛的火山爆发。他们可以参加虚拟讲座和虚拟讨论。已经有少数学校在尝试应用增强现实、虚拟现实和混合现实技术。例如，华盛顿特区的一所公立高中华盛顿领导力学院就正在通过数字技术(包括扩展现实技术)重塑学习方式。[5] 该计划的部分资金来自苹果公司前 CEO 史蒂夫・乔布斯的妻子劳伦・鲍威尔・乔布斯的资助。

5.3 培训和职业发展

对各种形式和规模的企业来说,培训员工是一个巨大的问题。仅在美国,企业每年的支出就超过 700 亿美元。[6] 技能需求的迅速变化已不是什么秘密,几年前的关键知识到现在已经开始过时了。更重要的是,随着数字技术在所有行业和行业中的普及,学习新技能的需求越来越大。尽管在线培训彻底改变了许多工人更新技能和知识的方式,但在线培训无法提供诸如在核电站装配喷气发动机、掌握销售技术或安装流量控制阀等技能的现实操作体验。

进行学习或工作时,增强现实可以通过将手册、技术规范和其他数据叠加配准在眼镜或镜片上来加强培训的效果。虚拟现实可以减少(尽可能消除)与许多类型的培训相关的风险。在面临真实的情况之前,可以准备好走进一个着火的建筑或是对付劫持人质的恐怖分子。此外,用户在使用昂贵的设备或产品之前会获得重要的使用技能。事实上,虚拟现实消除了对真实教室的需求,并在特定的时间将人带到特定地点,这极具吸引力。

第一家了解扩展现实技术价值的公司是英国飞机发动机制造商劳斯莱斯控股公司。劳斯莱斯利用这项技术培训技师如何组装飞机上使用的喷气发动机的关键部件。[7] 技师通过戴上 VR 头盔,逐步完成将特定零部件放入变速箱的整个过程。如果技师出错,系统会发出警告,并强制技师重新开始。等技师通过 VR 学会了零件的正确顺序和放置位置,就可以转到真实的装配站,使用实际的发动机来装配。

扩展现实技术还可以在虚拟世界和混合现实空间中举行会议

和研讨活动。埃森哲正在开发一种远程传输系统,系统允许用户观看演讲者的虚拟表演,可以在其他参与者提问时查看他们的虚拟化身,穿越虚拟空间查看现实世界的展位和展品。埃森哲实验室董事总经理伊曼纽尔·维亚尔解释说:"随着带宽的提高,视频质量变得更好,数字技术相互连接,我们的在线会议从简单地与他人联系到更先进的远程呈现,现在又开始使用虚拟现实和增强现实。"

事实上,维亚尔和研究人员正在法国南部的一个实验室设计未来的会议室。他们将扫描和绘制的物理物体、墙壁、空间和物体的三维模型与身临其境的虚拟空间相结合,以便 10 人、20 人或更多人聚集在一起观看演示、看视频、听讲座、提问和互动。空间中所有的视频、音频、头像和动作都是实时同步的。虚拟现实环境中还有一些增强现实的元素,通过这些元素可以查看代表参与者头像的姓名、头衔和信息,也可以查看空间中可见对象的数据。这些增强现实元素可以查看包括从视频到人和事的一切信息。

埃森哲的研究人员同时在探索其他解决方案。其中之一是虚拟签名。在虚拟现实环境中,参与者在得到他人许可的情况下,可以捕捉到其他人的数据,系统会在将来自动识别并复制该化身的虚拟签名。另一个创意是创建一个体系来支持真实世界中的人与虚拟世界中的人互动,而不需要两个群体同时在同一个空间里。为实现这个创意,部分参与者可以戴上头显进入逼真的虚拟环境,其他人则需要戴上智能眼镜或增强现实眼镜,或使用智能手机进行互动。这项技术将所有元素和组融合到同一个数字空间中。

很多其他类型的混合现实环境也开始浮现出来。微软公司的 SharePoint Spaces 允许用户在 360°的共享虚拟空间中共享文档、图像、视频和三维图形,可以通过 Web 浏览器访问这个虚拟空间。不需要特殊的头显或眼镜,可以在个人电脑上以更逼真的方式进行交互。平台可以帮助新人探索办公室或校园,可以帮助业务团队以更直观和易懂的方式查看数据。微软在其主流的 Office 365 平台中集成了该环境。

5.4 体育

1998 年,美国职业橄榄球大联盟(NFL)在电视广播中首次引入了增强现实技术。最初的用途是帮助观众先看到真实的赛场上看不到的线。1st&Ten 系统的特点是在球场上投射一条增强的黄线(译者注:黄线的功能是在橄榄球比赛中让“首攻”需要进攻的距离一目了然),已经成为 NFL 电视转播比赛的标准功能。近年来,电视网络增加了虚拟记分板和虚拟图形功能,向粉丝展示戏剧、重播、统计数据和其他信息的内容剖析,使电视广播更具吸引力和乐趣。

其他体育联盟也在通过 AR 功能改变电视转播。美国职业篮球联赛(NBA)在 2016 年推出了虚拟三分线。当球员在弧线外投篮时,会突出显示三分线。时代华纳旗下有线体育频道 ESPN 也在美国职业棒球大联盟(MLB)比赛中尝试 AR 技术。这主要是通过一个“K-Zone”,在电视上能够标记出好球带以及投手丢出的球路轨迹(译者注:K-Zone 是 ESPN 定义的,后被广泛应用到同类情形,好球带(strike zone)是棒球中一个非常重要的概念)。在以上这些情况下,运用增强现实技术的目的是让球迷更好地了解比赛中发生的事情,尤其是当发生的情况肉眼难以察觉时。毫无疑问,这些增强现实功能中借用了许多最早用于电子游戏中的技术。

虚拟现实在体育界也在不断创造价值。虚拟现实创造了让粉丝可以加入到运动比赛中的机会,从不同的角度和视野观看比赛。虚拟现实技术提供了在电视屏幕中或球赛现场都无法看到的影像效果和信息。因此,职业体育联盟,包括 MLB、NBA 和 NFL,已经开始用虚拟现实播放精选的比赛和亮点。此外,在 2016 年巴西里

约热内卢夏季奥运会上，NBC 和 BBC 都使用虚拟现实技术播放了一些比赛。在 2018 年国际足联世界杯上，所有 64 场比赛都可以通过电视网 Telemundo 的应用程序在 VR 中观看。

然而，在体育方面的应用上，虚拟现实仍然在蓬勃发展。目前最大的问题，是虚拟现实的视频分辨率与最先进的 4K 高清电视不相匹配。许多观众认为虚拟现实的体验令人难以置信，但画面令人失望。虚拟现实中的电视内容制作播放也需要大量的人力和技术资源。例如，2017 年的一场虚拟现实 NBA 比赛转播需要 30 名工作人员、一辆电视制作车、一组摄像机和 3 名播音员共同来完成。[8]

分析人士猜测，未来虚拟现实技术可能会被用于大学招生，允许新人参观学校、查看设施，甚至可以查看健身房或竞技场，而不必真正踏足学校。它也可能成为运动员训练的组成部分之一。2018 年 6 月，MVP、NBA 冠军金州勇士队后卫斯蒂芬·库里宣称，他的私人教练正在使用虚拟现实技术进行 3 分钟的赛前训练。他的私人教练布兰登·佩恩说："我们总是在寻找新的东西，只是为了让他保持活力，不断推动他的训练。"[9]

5.5 工程、制造和施工

建筑师、工程师和设计师都是增强现实和虚拟现实最早的使用者。他们使用 XR 和 3D 建模工具来实现空间可视化，对建筑物和汽车等进行原型制作。通过使混合现实技术能够在建筑或产品完成前看到建成后的真实情况，发现可能导致成本超支、设计错误或安全隐患的缺陷。AR 和混合现实工具还允许在虚拟空间（如办公室或博物馆）中浏览相关的技术规格和电气系统、管道和其他元素的信息。在施工阶段戴上 AR 眼镜，数据和图形会叠加在房间或对象的真实视图上。

这项技术提高了生产效率，并降低成本。扩展现实允许机构以更灵活和有弹性的方式运作。旧金山埃森哲实验室总经理玛丽·汉密尔顿指出："扩展现实有大量的工业用途，这项技术引入了前所未有的功能，将从根本上改变和改进流程"。

航空航天巨头波音公司已经尝试使用谷歌眼镜企业版来简化工厂的装配流程。通常飞机需要由包括各种形状和尺寸的电线的成千上万个单独的部件组成。一直以来，工程师和装配工通过使用 PDF 文件来查看装配说明。然而，在装配过程中使用键盘操作浏览 PDF 文档是乏味且缓慢的。导航键盘也会增加出错的风险。相反，AR 系统可以快速便捷地提供关于如何找到、切割和安装特定电线的特定相关信息。

波音公司在过去曾尝试过平视显示器，最早的试点项目可以追溯到 1995 年，谷歌眼镜帮助该计划得以实施。技术人员只需戴上眼镜，扫描一个二维码就可以验证身份。他们会立即查看详细的接线说明和其他重要数据。驱动系统的应用程序 Skylight 整合了语音和触摸手势。这样就可以无缝地完成各个步骤，并确保在任何特定的时刻都可以看到正确的说明和组装阶段。据一位负责该试验项目的波音公司高管称，谷歌眼镜和 Skylight 应用帮助工人减少了 25%的装配时间，同时大大降低了错误率。[10]

福特汽车公司也在使用虚拟现实技术制造汽车。福特公司创建了一个沉浸式车辆实验室。2013 年，福特公司在没有建立实体模型的情况下，对 193 辆汽车原型进行了 135000 项检查。[11]未来，增强现实和虚拟现实将被广泛用于跨行业的装配指导、维护、技术支持、质量保证等方面。DAQRI 智能眼镜[12]基本上可以将控制面板带到人的眼前。这意味着工人可以在虚拟工厂中漫游，在需要时处理任务和功能。通过智能眼镜可以视频聊天，查看关键规格，审查三维模型，并自由地掌控数字操控过程。

5.6 娱乐和游戏

扩展现实已经改变了消费者看视频和电影以及参与游戏的方式。2016年,增强现实游戏《精灵宝可梦 Go》俘获了全球数百万人的心。一时间,参与者们在后院、街角、公园和其他公共场所搜索如布巴索、查尔曼德和斯奎特尔等虚拟生物。根据统计数据,AR寻宝在全球范围内的下载量达到了8亿次。[13]更重要的是,它为AR游戏的爆发奠定了基础,随之而来的是增强现实游戏被广泛接受和使用。

沉浸式虚拟现实游戏也在不断发展。例如,在Catan虚拟现实游戏中,流行的棋盘游戏变成了丰富的交互式3D体验。物体、角色和化身从虚拟面板中出现,四处漫游,参与各种各样的交互和活动。在《方舟公园》游戏中,玩家进入了一个壮观的未来幻想世界,在那里玩家可以骑马和猎杀恐龙。在《星际迷航》游戏中,虚拟舰桥边汇聚了来自世界各地的玩家,伴随"宙斯盾"号太空飞船探索未知的太空领域,寻找瓦肯人的新家。游戏中的玩家将分别扮演舰长、舵手、战术师以及工程师的角色,沿途不断规避危险物体,同时抵御克林贡人的袭击。(译者注:故事和内容来自《星际迷航》电影)

游戏和娱乐业呈现出与以往不同的全新形式。例如:2016年,阿姆斯特丹的一家电影院成为世界上第一家永久性的虚拟现实电影电影院[14],14名观众花费12.5欧元,坐到一张旋转椅上,带上三星VR头显和耳机,观看了一部35分钟的专门制作的电影。通过旋转座椅或转动头部,观众可以360°观看虚拟现实的场景。尽管这个影院在2018年关闭了,但其概念在欧洲各地的虚拟现实影院中依然发展并保存下来。在日本,一些电影院可以以虚拟现实格式放映电影。[15]主流厂商如派拉蒙和IMAX也开始尝试使用虚拟现实技术。[16]

虚拟现实的影响力不断显著扩大。例如，虚拟现实主题公园VOID将游客带入一个熔化星球上的星球大战，需要恢复对叛乱者生存至关重要的“情报”。参与者戴着头盔、手套和特殊的背心，能看到、感觉和听到周围的一切，就好像他们真地在一个物理空间里一样。通过专门的硬件和软件，包括触觉手套、运动跟踪系统和内置的特殊效果，使参与者可以在虚拟的全息甲板上四处漫游。在用户没有带上虚拟设备之前，这个公园看起来只是由普通的走廊、墙壁和不同大小的房间组合而成的。一旦穿戴好定制的虚拟现实设备，眼前的一切就变得奇妙起来，所有的一切将成为完全沉浸式的空间。门变成了电梯，走廊变成了通往宇宙飞船的桥梁。在这个空间里，玩家还会面对不同回合的机关、敌人的风暴部队和怪物等。

消费者可以在商场或他们舒适的沙发上探索虚拟现实。有了Oculus Go、PlayStation VR 或 HTC Vive 等头戴式显示器，消费者可以乘坐极限过山车，与杀人机器人大军作战，开赛车穿越岩石沙漠景观，驾驶宇宙飞船，开始寻宝，甚至玩流行游戏。此外，可视化编程工具(如 Microsoft 的 AltSpaceVR)可以帮助用户设计和构建自己的虚拟世界，并与他人共享这些虚拟世界。这使得流行的在线空间概念“第二人生”适用于三维虚拟世界。

在未来的几年里，随着图形和显示技术的不断发展，以及触觉手套的进步、紧身衣和外骨骼的出现，还有更先进的运动跟踪的形成，超逼真的沉浸式游戏将成为新的常态。[17]人们还可以参加虚拟戏剧和音乐节，在一些情况下，这些虚拟活动形式更新颖。

5.7 旅行

由于虚拟现实和增强现实技术的出现，旅游业也发生了重大变化。截至 2018 年底，全球在线旅游销售额已达到约 7000 亿美元。[18]虽然网站和应用程序提供了大量旅游目的地和出游信息，但

在消费者预订机票、邮轮、度假村、酒店和旅游实际出行之前，很难知道这个旅游目的地到底是什么样的。还有一个实际情况是，很多人更喜欢网络虚拟旅行，或者由于身体的限制，不能去遥远的地方旅行。

在虚拟空间中，游客可以探索格陵兰岛的冰川、不丹的佛寺、考艾岛的翡翠悬崖，或者加拉帕戈斯群岛的各种野生动物。在预订房间之前，游客还可以在度假胜地和酒店中漫步，更好地了解游泳池、海滩和房间的外观。虚拟现实的宣传册或虚拟现实旅程允许游客以更加个性化和直观的方式探索目的地。通过单击地图上的一个指针就可以把访问者传送到那个虚拟的地方。进入虚拟空间后，通过选择菜单项目（比如加拉帕戈斯的鸟或不丹僧侣的圣歌），目的地体验就会变得更加生动起来。

虚拟现实引发了旅游业的变革。如在 2015 年，万豪酒店推出了名为 VRoom 的服务，提供室内虚拟现实旅行体验，该服务使用三星 Gear 虚拟现实技术，通过虚拟明信片提供身临其境的旅行体验，使体验一系列异国情调的旅行目的可以轻松实现。[19] 2016 年，德国汉莎航空公司在柏林舍内菲尔德机场推出了虚拟现实体验亭。经过候机楼候机的乘客可以使用 Oculus 头显虚拟游览迈阿密或澳大利亚大堡礁。[20]另外还有一些刊物，如《国家地理》杂志和《史密森尼》杂志，都已经开始引入遍及全球的沉浸式旅行体验。

例如，《史密森尼》杂志和《伟大课程》杂志推出了互动意大利威尼斯之旅，可以在虚拟现实中乘坐贡多拉游船，参观大运河、圣马可广场、马可波罗之家和圣玛利亚教堂。[21]虚拟环境中的游客可以与一位意大利历史教授肯尼斯·R.巴特利特共同乘坐小船，为游客的虚拟之旅提供私人导游讲解。当其他的敞篷船和小船经过时，船随之摇晃，游客转头就能看到周围 360°的景色，可以看到运河周围壮观的建筑和船尾的平底船。

技术应用进一步扩展，甚至创建出了虚拟博物馆，使用户可以轻松走入艺术、文化和历史当中。2018 年，一家名为 Timescope 的公司推出了自助式虚拟现实服务亭，通过一个类似望远镜的系统将游客传送到虚拟的世界各地。这套系统配备了 360°旋转机构、定向扬声器和 4K 屏幕分辨率，游客通过多语言触摸屏控制系统控制并进入一个身临其境的环境，如法国的兄弟会纪念碑，在那里，人们可以看到第一次世界大战盟军和德国军队停火时的战壕。

AR 技术改变了人们旅行和与他人互动的方式。谷歌翻译等智能手机应用程序能为招牌、菜单、手册和其他印刷品提供即时翻译。像 Looksee 这样的应用程序使用 AR 技术在智能手机屏幕上实时显示地点和事物及主要景点的距离。这个程序用于巴塞罗那、巴黎、洛杉矶和奥兰多等城市。与此同时，在英国盖特威克机场，AR 程序通过投射出一条显示为一系列绿色箭头的路径引导乘客到达正确的登机口，[22]因此这款应用屡获殊荣。用户只需举起手机，路径就被投影到屏幕上，而路径则叠加在屏幕后面实实在在的实体空间上。

5.8 传媒业和新闻

未来数年，将很少有行业会像新闻媒体业这样经历如此巨变。无论好坏，人们越来越强调新闻是“吸引眼球”的载体和娱乐形式，而更胜于有关世界的信息来源。2018 年 3 月，美国有线电视新闻网宣布将推出一款适用于 Oculus 平台的虚拟现实新闻应用。[23]该程序允许观众以身临其境的方式体验新闻事件，其分辨率远高于以往的虚拟现实应用。通过这款新闻应用程序，人可以感受到飞机在航空母舰上起飞，在一架救援的直升机上或在一场战斗中，在撒哈拉沙漠中部的骆驼上，或者在节日或体育活动的中心。该 CNNVR 应用程序引入了 360°4K 视频数字内容，屏幕底部还有一

个新闻滚动条,此外还包括与推特等社交媒体的整合。

其他一些新闻机构,如《赫芬顿邮报》和《纽约时报》,也开始制作增强现实、虚拟现实和混合现实内容。它们有的让观众如同亲历现场观看体育赛事或摇滚音乐会;另一些则可以让用户如同进入难民营和犯罪现场。虽然社会标准已经扩大了允许在传统的视频中展示的内容,但当同样的内容场景是超现实和沉浸式时,就有了新的争议。如南加州大学传播与新闻学院的副教授罗伯特·埃尔南德斯曾表示,虚拟现实可能会唤起一些人的不好记忆,甚至是无法弥补的创伤。记者和新闻媒体的角色可能需要重新审视。他说:“作为一名记者,我必须问,我的工作是什么?我的工作伤害你吗?还是为了通知你?有时这其中有着微妙的平衡关系。”[24]

5.9 营销、零售、购物和房地产

AR 在市场营销中的首次应用发生在 2008 年。德国公司制作了一个印刷了宝马迷你车型的杂志广告,当电脑上的摄像头捕捉到迷你车型的图片时,汽车就会以 3D 的形式出现在屏幕上。[25]虚拟模型与实体广告上的标记相连,使用户可以控制纸质杂志上的汽车,并在屏幕上随意移动,查看不同的角度。这种实时数字交互显示了增强现实的潜力。从《国家地理》杂志到迪士尼的很多其他品牌,都在采用 AR 技术来实现讲述环境问题和让卡通人物在街上与人互动等各种各样的应用。[26]

还有一些公司正以其他方式扩展 XR 的应用范畴。宜家的增强现实应用程序允许用户预览家具,这个功能引起了大量媒体的关注和消费者的兴趣。舍温·威廉的油漆应用程序让用户可以查看卧室或办公室虚拟涂上不同颜色油漆的效果,这一应用也广受欢迎。不断有人加入了扩展现实的应用圈。如化妆品公司 Sephora 已经开始使用增强现实技术,让客户看到它们从唇膏到眼线的产品在他们数字化的脸上呈现的虚拟效果。用户只需在应用程序中拍照片，或将其上传到网站，然后选择产品，立即就可以查看产品用到他们身上的效果。[27] Sephora 的虚拟艺术家还会提供与产品相关的一些小建议。

未来，头戴式显示系统将允许个人在网上冲浪购物的过程中身临其境地查看物品，以更真实的方式进入购物空间，并通过使用触觉反馈技术感受丝绸衬衫或沙发的质感。事实上，虚拟现实技术可以提供如同在实体店购物的体验。对比在二维屏幕上观看衣物或电动割草机，用户可以沿着虚拟过道一边看商品，一边伸手触摸它们，或者用虚拟激光笔对准选择物品。增强现实和虚拟现实技术还可能使房地产销售发生革命性的变化，人们可以从城市的另一端甚至从世界的另一端穿越过来查看房产的情况。一家名为 Matterport 的公司就已经提供了创建三维虚拟家庭旅游的硬件和软件产品。[28]

零售业巨头沃尔玛没有错过虚拟购物这个全新的理念。沃尔玛在 2018 年 8 月申请了一项虚拟现实展厅的专利，该展厅允许用户查看货架和产品的影像，并在虚拟空间进行选择。其他零售商也在尝试虚拟购物。[29] 2017 年，家居装修巨头劳氏公司推出了名为 Holoroom 的虚拟现实购物体验。[30] 客户可以观看家庭装修的虚拟教程，采用虚拟现实的方式对住宅进行模拟装修，从而获得家庭装修实际体验。劳氏公司报告说，在 Holoroom 的试运行中，客户对如何完成自己动手项目的掌握程度提高了 36%。劳氏公司还获得了客户在装修过程中通常会遇到的困惑和问题的宝贵反馈数据。

奥迪和宝马等汽车制造商也在转向使用虚拟现实技术。例如，奥迪的一款应用程序可以让潜在买家在家里使用虚拟现实头显，以三维方式查看和了解汽车的内部信息。2016 年，奥迪推出了一款应用程序，允许客户在经销商处使用 Oculus Rift 或 HTC Vive 头显查看汽车使用不同颜色和配置后的效果。现在，奥迪正在向在家中的用户提供虚拟现实查看汽车的服务。名为ZeroLight的公司开发了一款专门的应用，潜在买家可以通过程序进入虚拟驾驶舱，查看奥迪52款车型的仪表盘、座椅和外观空间等信息，还可以查看车辆的发动机，并使用耳机听到汽车发动机运行起来的声音。

5.10 执法和法庭

增强现实可能会极大地改变治安环境。中国的执法人员已经开始使用面部识别眼镜识别犯罪嫌疑人，而且这项技术与物联网相结合，还有其他非常多的应用场景，包括识别车牌，识别炸弹或其他爆炸装置中的化学物质，当急救人员遇到伤员时显示伤员的生命体征，增强夜视能力，用GPS标记捕捉视频，以记录和验证事件等。虚拟现实技术同样具有很大的吸引力。例如，在美国新泽西州的莫里斯敦，警察可以在虚拟现实模拟器中训练。这有助于警察在接近真实环境的情况下学习什么时候可以开枪射击，什么情况下应该克制。[31]虚拟现实技术还可以帮助招募人员，让公众体验作为警察工作的感受。

在法庭上使用增强现实和虚拟现实技术是另一个热点话题。虚拟现实技术可以产生新类型的证据，并允许陪审团以完全不同的方式观察和体验事件。陪审员可以被带入到一个虚拟的犯罪现场，而不是只能查看粗糙和模糊的闭路电视影像。英国斯塔福德郡大学法医学和刑事调查副教授卡罗琳·斯特迪·科尔斯曾表示："传统的记录、素描和拍摄犯罪现场的手段费力且无法提供适合在法庭上向非专业人士展示的数据。考证学、计算机技术和游戏设计中使用的一些新颖、数字化、非侵入性方法为提高搜索效率和准确性提供了有利条件，并可以提供在法庭上展示证据的更有效手段。"[32]

2016年，科尔斯获得了欧盟委员会14万欧元的研究经费，用于研究虚拟现实头戴式显示系统在犯罪调查中的应用。陪审团成员可以戴上VR头显，在律师的带领下从不同的角度以不同的方式观察犯罪现场。2018年，科尔斯又获得了一笔资助，用以研究警察如何更好地分析犯罪现场埋藏和隐藏的证据。科尔斯和其他研究人员正与英国警察部队合作，将警务和法庭审判带入数字时代。

5.11 医学和心理学

虚拟现实引入了治疗生理和心理疾病的新方法。在洛杉矶西奈医院，精神科医生使用虚拟现实治疗鸦片类成瘾疾病。结果表明，这种方法是有效的。[33]在马里兰大学，医生在检查患者时使用增强现实技术来查看超声波图像。[34]通过增强现实技术，医生的视线不用远离患者去看机器显示的信息，而是可以在视力范围内查看重要数据(译者注：主要用在超声波辅助插管)。名为Accuvine的公司开发了AR医疗的另一种应用，该公司开发了一种设备，可以扫描静脉，并将AR图像投射并匹配到医生扫描的皮肤区域。[35]使用手持设备就可以查看人体内的静脉。公司声称，这一过程减少了45%的静脉注射错过了静脉的情况。

虚拟现实正在改变医疗。在洛杉矶西奈医院，精神科医生使用虚拟现实治疗鸦片类成瘾疾病。在马里兰大学，医生在检查患者时使用增强现实技术来查看超声波图像。通过增强现实技术，医生的视线不用远离患者去看机器显示的信息，而是可以在视力范围内查看重要数据。

另一家名为"外科手术室"的公司推出了一个虚拟现实平台，允许患者查看他们的解剖结构，医生可以在平台上查看大

脑或身体其他部位的肿瘤、血管和其他结构。[36]系统可以显示患者的独特问题，并帮助医生计划手术。位于美国华盛顿特区的乔治华盛顿大学医院的医生已经在使用这种技术，它被称为精确虚拟现实技术。[37]系统平台除了可以更好地洞察审查信息和规划手术外，还可以使用个性化的三维虚拟图像向患者演示将要发生的情况。

与此同时，美国加利福尼亚州圣地亚哥的名为虚拟现实医疗中心（VRMC）的组织已经开始使用虚拟现实技术来帮助那些患有恐惧症的人，比如害怕飞行、演讲、广场恐惧症和幽闭恐惧症等。VRMC 使用三维虚拟现实曝光疗法，结合生物反馈和认知行为疗法来治疗恐惧症、焦虑症、压力和慢性疼痛等病症。[38]

制药和生物技术公司同样也在使用虚拟技术。瑞典阿斯利康药物化学部门的药物设计师 Jonas Boström 开发了一种分子可视化工具，名为 Molecular Rift，可以在虚拟现实头显上运行。它提供了一个人可以使用手势与分子互动的环境，并可以检查分子在不同环境和情况下的行为。Boström 认为该工具是“下一代分子可视化技术”。[39]另一些制药和生物技术公司通过使用 CAVE 系统和其他虚拟现实工具进行先进的药物发现研究，包括虚拟模型研究、设计审查、安全研究、人体工程学研究、故障模式影响分析、培训、机器重新设计评估、计算机辅助工程和气流可视化等。

虚拟现实将有助于发现和诊断痴呆症和包括创伤后应激障碍的其他疾病。[40]芝加哥拉什大学医学中心的研究人员开发了一些虚拟现实模块，帮助医学和药学专业的学生识别痴呆症的症状和体征。[41]在南加州大学，艾伯特·里佐参与了 BRAVEMIND 项目，探索治疗退伍军人和其他患有创伤后应激障碍的方法。他建立了模拟环境，让患者在一个类似电脑游戏的虚拟空间里“重温”创伤事件。这项技术建立在一种被广泛接受的“长时间暴露”治疗方法的基础上。虚拟现实程序的最初版本名为“虚拟伊拉克”和“虚拟阿富汗”,改编自2004年的Xbox游戏《全能战士》。后来,他开发了更先进的BRAVEMIND虚拟空间,帮助临床医生逐渐将患者暴露于刺激物下,诱发他们的创伤应急反应,从而帮助患者尽快康复。

这些虚拟现实环境具有各种作战情况、条件和受伤程度的模拟内容。在任何情况下,心理医生都可以触发原始创伤事件的重现。这种方法为患者尽快康复带来了希望。美国海军研究办公室的一项研究发现,20名受试者中有16人表现出通过虚拟现实治疗以后,创伤后应激障碍症状的显著减轻。[42]一名士兵表示,在虚拟环境中重温自己的创伤经历,取代了他在家与家人在一起时思考创伤的心理需要。研究人员还利用虚拟环境来帮助性创伤和其他类型的受害者。

里佐认为,虚拟现实最终将成为解决生理和心理问题的主流工具。他解释道:“如今,中风、外伤性脑损伤或脊髓问题的物理康复需要人或机器设备来进行帮助传递运动,下一个前沿领域是引入虚拟现实模拟技术,它可以测量一个人的体能,并精确地施加压力和阻力,帮助其康复。”例如,系统将发送力反馈信号和听觉提示,从而产生如同真实的体验,而不是实际触摸或拾取实物。他说:“你伸手去拿一个气球,当你挤压它的时候,它就会爆裂,你听到了声音,你感受到空气,并经历了震动。进一步,系统能包括模拟行走的外骨骼,让患者参与有助于康复的活动,让残疾人体验行走、跑步或游泳的感觉。”

5.12 军事

美国军方和美国国防高级研究计划局组织是增强现实和虚拟现实工具的最大采用者。对战场优势的追求导致了大量的扩展现实空间研发工作,大部分的研究围绕着训练和模拟。在虚拟世界里，培训飞行员如何飞行或培训士兵如何应对危险情况，相对实际培训的成本要低得多，安全得多。美军的史崔克系统（Stryker）[43]是一个造价仅 80 万美元的模拟器，它比投入数千万或数亿美元的实际战斗游戏和训练演习更为实用和有效。

虚拟现实仿真设备还能够收集士兵和其他人在不同情况下如何行动和反应的有价值数据。使用人工智能和分析工具，可以发现更有效的作战方法的模式和趋势。然而，扩展现实的使用已经不局限于模拟器。例如，美国陆军已经开发出一种头戴式显示器，可以将相关数据、信息和图形投射到士兵的视野中，同时提供真实战场的视图。[44]

未来，这些扩展现实系统还将包括生物探测功能，并且可以与穿着衣服或随身携带的传感器集成。英军推出了一种虚拟现实招募工具，可以让被招募的士兵体验训练演习。在英国各地提供沉浸式体验后，士兵的注册人数增加了 66%。[45]

5.13 XR 重新映射真实世界

扩展技术渗透到了生活的方方面面。美国宾夕法尼亚州雷丁市的一位牧师正在努力创建一个虚拟教堂，虚拟教堂里面有各种化身、教会音乐和布道等活动。[46]纽约现代艺术博物馆将增强现实技术引入了一个杰克逊·波洛克的展览中。通过使用智能手机和一款名为 MoMAR 的应用程序，参观者可以看到这件艺术品被彻底重塑，同时还可以看到完全改造的作品。[47]甚至连摇滚乐队和时装设计师都在涉足扩展现实领域，他们正在引入新的方式来体验他们的设计、音乐和其他创作。虚拟现实技术对于观看传统绘画和雕塑很有价值，而且很可能会在未来几年迎来全新的艺术形式，包括丰富多彩的装置艺术作品。

当然，随着这些不同形式扩展现实的形成及其不断地改变人们日常生活的方式，这种变化同时会产生大量的问题、担忧和潜在的问题。扩展现实所引发的心理和社会学变化与伦理、道德、法律和行为大量交叉。虽然其中一些问题看起来仅仅是有趣的，但另一些问题则带来了某种程度上非常令人不安的情况。

6

道德、伦理、法律和社会后果

6.1 价值观的改变

每一项新技术都会引发人类思维方式和行为的变化。例如，将图像捕捉到胶片上的能力使人们能够看到家庭成员的照片，看到异国情调的景象与事物，没有摄影技术这些都将无法实现，这是历史性的变革。一个半世纪后，数码相机使人们拍照而不必担心胶片及冲洗的成本。这相应地推动了社交媒体的发展，并导致人们的互动方式发生了巨大变化。随后，有了智能手机，可以即时分享包括视频在内的各种影像。

摄影的演变过程导致了可预见的变化。这些变化不总是带来好的结果，也有如色情片、虚假图像和 Memes（译者注：Meme 指的是被模仿的想法，被用作一种娱乐形式，在互联网中被使用）的病毒传播等各种各样有问题的东西。随着增强现实、虚拟现实和混合现实的发展和普及，一个相似的情况正在出现。虚拟体验的影响远远超出了传统人造的像素、声音和物理感觉。虚拟技术大规模地重塑了个人的思维和社会态度。

所有这些情况引发了许多质疑和关注，这些质疑和关注延伸到心理学、生理学、社会学、人类学、哲学、法律、伦理学，甚至宗教等许多领域。人们将如何适应长时间的沉浸？会有人沉迷于网络而选择保持沉浸状态作为他们的首选状态吗？这会对真实世界和虚拟世界的分界线产生什么影响？虚拟技术如何影响黑客攻击和虚拟犯罪？虚拟色情和性行为的影响是什么？它们可能在虚拟世界中呈现出什么样全新的维度？法律体系将如何处理各种新的争议和问题？

6.2 有责任的设计

恐惧、不确定和猜疑几乎围绕着每一项新技术。在 19 世纪早期，卢德派反对使用任何纺织机械，他们的抗议和起义导致英格兰各地的织布机和纺织厂被毁。1877 年，《纽约时报》的一篇社论抨击电话侵犯了隐私。1943 年，IBM 董事长托马斯·J.沃森预测，3 年后，全球市场可能只需要 5 台计算机就足够了。[1]20 世纪福克斯公司创始人达里尔·扎努克预测“前 6 个月过后，电视将无法维持它所获得的市场。人们很快就会厌烦每晚盯着一个胶合板箱子。”[2]

尽管人们很容易对过去的错误预测一笑置之，而认识到新兴技术代表着未知以及随之而来的所有不可预测性也是明智的。然而，在炒作和恐惧之间，各种发明影响和改变了人们和社会的现实世界。印刷机、电话、照相机、电视、电脑和其他技术都改变了人们的日常生活和活动方式。增强现实和虚拟现实将遵循同样的轨迹。设计师、制造商、软件开发人员和其他相关人员不断做出影响人们使用和体验这些系统的设计与改变。在这个过程中，社会必须决定新的技术什么是可取的，什么是可以接受的，而什么又是该被禁止的。

虚拟现实引发了很多担忧。首先，如果虚拟环境太现实，在沉浸式世界中的人可能会感到头晕、恶心、迷失方向、惊慌失措，甚至出现中风或心脏病发作等医疗问题。虽然有理由认为一个虚拟现实体验中感到不适的人只需摘下头显就可以重回现实世界，但事情并非如此简单。在没有降落伞的情况下被击中或从飞

机上摔下来时所产生的精神痛苦感是如此可怕，以至于人会立即被惊吓到而僵住，还有可能产生长期的心理影响，包括缓慢的脱敏过程。

事实上，进入过虚拟空间的人表示，这种感觉和经历往往完全是真实的。《华尔街日报》2016 年的一篇文章重点介绍了软件工程师艾琳·贝尔，她虽然知道自己站在斯坦福大学一个实验室的地毯上，戴着虚拟现实头显，但当研究人员提出要求，她依然拒绝从一块悬挂在生锈深坑上的木板上走下来。她说："我知道我在虚拟环境中，但我还是很害怕。"另一些报告说，当从高速驾驶赛车到进入虚拟社区的场景和经历在虚拟世界中展开时，参与者会产生强烈的焦虑、恐惧和沮丧情绪。更重要的是，研究表明，当人们进入虚拟现实空间时，他们会中止对现实世界的认知。简单地说，大脑告诉人们自身，这种体验就是完全真实的。[3]

尽管制造商不断改良虚拟现实系统的设计，以尽量减少恶心、头晕和其他负面感觉，并且不建议幼儿使用这些系统，但人们越来越担心虚拟现实系统带来眼睛疲劳、头痛、重复性压力伤害和其他身体影响。例如，Oculus 提供了以下建议："使用头盔时要放松，让你的身体能够调整以适应设备；一开始只使用几分钟，当你逐渐习惯虚拟现实时，再逐渐增加使用头盔的时间。"Oculus 并不止于此，它还提出："每 30 分钟至少休息 10～15 分钟，即使你认为你不需要休息。每个人都是不同的，所以如果你感到不舒服，就要多休息、长时间休息。"[4] Oculus 还警告说，在进行虚拟现实体验后，不要开车、骑自行车或使用器械。

虚拟现实引发了很多担忧。首先，如果虚拟环境太现实，在沉浸式世界中的人可能会感到头晕、恶心、迷失方向、惊慌失措，甚至出现中风或心脏病发作等医疗问题。

6.3 虚拟现实思维

南加州大学的艾伯特·里佐是世界上最顶尖的虚拟现实和人类思维专家之一。他的研究集中在开发虚拟现实技术来帮助和治疗创伤后应激障碍、脊髓损伤和其他疾病,这在本书第5章已经介绍过。然而,这项技术是一把双刃剑。里佐认为:“还有许多问题没有找到解决办法。虚拟技术可以用来改变情绪,治疗患有创伤后应激障碍和其他疾病的人。但是,如果我们承认虚拟现实可以用来唤起积极目标的情绪,那么我们也必须承认,虚拟现实也可能引发负面情绪,从而产生长期的影响。”

事实上,虚拟现实的长期影响在很大程度上是未知的。有理由认为,与现在的游戏设备一样,长时间沉浸可能会导致反社会行为和其他类型的心理问题。在虚拟现实空间中进行的研究表明,虚拟现实技术改变了人们的思维和行为方式。大脑被欺骗,以为人造事物是真实的,就好像整个虚拟环境是真实的一样。这会引导思维和行为朝着新的方向发展。虽然结果不一定是消极的,但也不一定是积极的。事实上,用户可以沿着一系列各种可能的方向发展,从而形成任何未知的结果。

斯坦福大学的杰里米·贝伦森认为,虚拟现实的影响是显而易见和重要的。近20年来,他一直在研究虚拟现实和人类思维。实验室建立和研究允许人们在虚拟空间碰面的系统,并探索新的、不同类型的互动的系统。他说:“从沉浸质量上讲,这对我们感知信息的方式有着不同的影响,因为我们使用的是我们的身体,”[5]“这与从普通分辨率到高清电视、从黑白到彩色视频完全不同。因为你用的是你的身体,而且完全沉浸其中,我认为这是媒体史上的一个大飞跃。但我认为这不会改变人的本性。”

贝伦森的书《体验随需应变》中指出,虚拟世界中的一个人可

以站在另一个人的角度去感受工作或者体验无家可归的感觉。贝伦森特别感兴趣的是虚拟现实如何帮助人们培养对他人的同理心和理解力。他对年龄歧视、种族主义和帮助残疾人进行了广泛的研究。他写道："如果一个青少年对老年人有一个负面的刻板印象，那么仅仅要求青少年想象一个老年人的处境可能只会强化这些刻板印象。青少年可能会塑造出行动迟缓、节俭、讲无聊故事的老年人形象。"[6]

将虚拟现实技术加入其中可能会带来巨大的变化。虽然某些类型的训练可以使人对他人的感受不敏感，但技术也可以发挥积极作用，这对必须目睹暴行和灾难的士兵或消防员来说可能是件好事。贝伦森指出："将角色扮演形式化为一个模拟来对抗成见，可以通过创造展现老年人优势的场景来避免这些负面的刻板印象。"换句话说，参与者缺乏对获得真实世界观点至关重要的信息，而虚拟现实可以引导他们完成整个过程。他接着说："同理心不是一种固定的品质。我们的文化和传播文化价值观的媒体技术可以改变我们的移情能力。"[7]

贝伦森指出，虚拟现实如何影响移情是一个非常微妙的话题。例如，在一个实验中，参与者在一个虚拟现实环境中待了一段时间后，去帮助那些色盲的人的可能性是普通人的两倍，虚拟现实环境让他们可以感觉自己像色盲一样看待世界。然而，虚拟现实也会产生违反直觉的结果。例如，另一项研究发现，在虚拟现实世界中"失明"的人有时会变得更具歧视性和更少的同情心。[8]原因是什么？新失明的人经历了突然失明的创伤，而不是持续的失明现实。简单地说，他们关注的是与解决问题有关的障碍，而不是问题本身。

由于其结果很重要，设计应用程序的人和使用应用程序的人都必须考虑这些后果。大脑对虚拟刺激的反应没有简单明了的答案。贝伦森认为，虚拟现实不是"灵丹妙药"。它并不是每次都能成功完成它的任务，而效果大小也不尽相同。[9] 里佐补充到，虚拟现实产生的“认知再评价”可以有很多方向，既有积极的，也有消极的。目前，有很多研究和探索正在进行。心理学作为一门科学已经存在了至少 125 年，它研究人类在现实世界中的行为和互动。我们现在必须开始研究人类在虚拟世界中的行为和互动，并试图理解这些行为和互动的含义及其对现实世界生活的影响。

然而，思维的改变不仅限于建立同理心和更好地理解他人。虚拟现实的核心是一个基本概念：任何人都有可能成为另一个版本的自己。贝伦森认为：“当一个人看到自己的化身时，不管是低头看着她的数字身体，还是通过看虚拟镜子看到自己，她的大脑就掌握了虚拟身体的所有权。从进化的观点来看，大脑在看到一个事实上不真实反映的完美镜像方面，几乎没有经验。因为我们可以在虚拟现实中数字化地创造出我们想要的任何镜像，虚拟现实提供了一种独特的、超现实的方式，让人们拥有自己的虚拟身体。”[10]

实际上，虚拟现实技术利用人脑的可塑性和适应能力，使人相信化身或虚拟身体是真实的。当感官完全投入时，稍许不同甚至完全不同的镜像就变成了自己。这种“身体转移”可以让一个人成为一名士兵、一名消防员、一名警官、一名宇航员、一名深海潜水员，甚至是一只翱翔在地球上空的鸟，并接受这种假想的角色或身份。还允许个人改变性别，体验不同的社会角色，感受不同种族或宗教的感觉，体验婴儿或 90 岁时的生活。

一个类似的现象是“恐怖谷”的原理。这个概念由机器人学教授森政弘于 1970 年提出，名为“不気味の谷現象”。[11]“恐怖谷”理论是一个关于人类对机器人和非人类物体的感觉的假设，说明当机器人与人类相似程度超过一定程度的时候，人类对他们的反应便会突然变得极其反感，即哪怕机器人与人类有一点点的差别，都会显得非常显眼刺目，使整个机器人有非常僵硬恐怖的感觉，有如面对行尸走肉。当机器人切换回一个不那么接近人的形象时，吸引

力和移情的感觉又回来了。森政弘的发现有一个有趣的收获，除了基本的设计衍生之外，就是引入了心理操纵的能力。

可以想象，产品广告或政治广告中总是以美好的方式展示人们想要看到的物品或虚拟形象，而以消极的方式展示不受欢迎的物品或人。在虚拟空间中的人往往无法意识到虚拟和真实之间的差异。这种方法也可以用来操纵对新闻事件的思考。2016年美国的总统大选引发了一场关于“假”或“错误”新闻作用的热议。美国新闻聚合平台Buzzfeed当年的一项民意调查发现，虚假的新闻在75%的时间里愚弄了美国人。[12]然而，相比如今的技术水平而言，当时的欺骗手段显得很原始。最令人不安的是现今的技术能够制作出逼真的假视频，模仿记录人们的言行，哪怕他们并没有说或者做这些。这些深度造假视频可以伪造政客们发表他们从未发表过的言论，将名人的影像插入到色情视频中，并向人们展示他们从没有犯下的罪行。虚拟现实技术中的因素和事物应用在造假这方面会变得丑陋不堪。

6.4　虚拟游戏的新维度

没有比游戏更能体现扩展现实积极和消极面的了。一方面，人能够体验那些原本只存在于想象中的地方、事件和事物。如驾驶一级方程式赛车穿过摩纳哥狭窄的街道，或参加二战期间诺曼底登陆战役。在手机、电视或电脑等传统二维显示设备上玩游戏已经非常引人入胜。而在三维虚拟现实的沉浸式世界中的体验会将游戏体验提升到一个完全不同的水平。扩展现实技术带来了一个全新问题：游戏应该有多真实？它在短期和长期对用户有什么样的影响？

当然，许多相关问题都是围绕电子游戏展开的。已经有很多文字和言论来探讨关于游戏使社会对暴力不敏感的问题，研究表明这不是一个抽象的问题。美国心理协会报告说，暴力会对人，特别是儿童产生有害影响。[13]爱荷华州立大学暴力研究中心主任、心理学家、著名教授克雷格·A.安德森得出过相关结论："有证据明确表明，接触暴力电子游戏是导致攻击性行为、攻击性认知和攻击性情感增加以及同理心和亲社会行为降低的一个重要风险因素。"事实上，安德森发现玩暴力电子游戏会增加在线和在真实世界中的攻击性思维、情感和行为。[14]

然而，研究人员并不都认为计算机模拟是危险或具有破坏性的。帕特里克·M.马基和克里斯托弗·J.弗格森在2017年出版的《道德战斗：为什么对暴力电子游戏的战争是错误的》一书中指出，媒体和政客指责电子游戏的有害影响，尤其是在每一场悲剧之后的指责，这些完全是误导。[15]除此以外，他们指出，数据并不支持这些结论，同样的论据在不同时代以不同的技术和形式出现。电视一度为暴力和不道德的行为背锅。随着时间的推移，扩展到了漫画书、摇滚乐、电脑和视频游戏，现在又变成了虚拟现实。当一个导致危险和破坏的妖怪消失时，一个新的怪物又成形了。

维拉诺瓦大学的心理学教授马基和斯特森大学的心理学教授弗格森对这种情况的原因提供了一些他们的见解。他们写道："在现实生活中，暴力的后果是如此可怕，以至于暴力或暴力威胁使人们感到焦虑，因此人们选择逃避它。但我们的大脑能够理解媒体暴力和真实的暴力行为是不同的。充满暴力的电子游戏给人们提供了和在黑暗的巷子里行走一样强的刺激，但却没有真正会被谋杀的焦虑感。人们的大脑会因为画面暴力和逃脱追捕中的争斗兴奋起来，就好像这是真的一样，但因为人们也明白事实并非如此，所以人感到激动而不是害怕。"

《侠盗猎车》经常被作为电脑游戏中的反面教材。这款游戏的核心是偷车和犯下一系列其他罪行。长期以来，该游戏提供了一系列有争议的元素：妓女、酷刑、正面裸露的男性和女性、谋杀其他角色，包括特定种族群体的权利，以及与虚拟角色约会和发生性行

为的能力。然而，游戏的超现实图形效果与虚拟现实能提供的沉浸感相比起来显得苍白无力。转眼间，角色从二维发展到三维，虚拟游戏中的人会感觉到一种更深刻的真实感，这种感觉令人既兴奋又不安。

让参与者相信电脑游戏是真实的，或者至少是真实到足以让人感到有趣或刺激的程度，这是一个喜忧参半的问题。发生在屏幕上的事件：一次谋杀、一场严重事故或一个近在眼前的怪物，这使得生动和暴力的电脑游戏更容易被人们接受，它们是某种抽象的威胁，通常会影响到他人。同样的道理也适用于展示了一系列令人震惊的场景和事件的电影。虽然玩家或观众可能会被吸引，但他们不会感到直接和明显的威胁。屏幕和眼睛之间的物理距离形成了一个缓冲区，保护了体验场景的人的大脑。

但是，正如斯坦福大学实验室的艾琳·贝尔所了解到的那样，当虚拟现实游戏中的虚拟世界看起来完全像是真实的一样时，会发生什么情况呢？一时间，事情不是发生在别人身上，而是发生在自己身上。可以想象一下自己被持枪抢劫然后被枪杀。再如在战争中冲向敌人，突然在腹部遭遇刺刀，感觉到被刺伤了。更或者是一场车祸，当它发生在比赛中的其他人身上时，看起来令人印象深刻，但当你坐在驾驶座或乘客座上时，就没那么好玩了，尤其是在你过去经历过车祸时。还可以想象一个怪物站在你身边，威胁要把你撕成两半，或者你目睹一个朋友被撕碎。恐惧程度和由此产生的生理影响可能会上升一个量级。在以上这些情况下，从某种程度上而言，轻度恐惧带来的愉悦感会转化为极端甚至引发焦虑的恐怖。

在多人游戏中，问题和隐忧成倍增加，变得更加复杂。很快地，那些通过化身连接并且在虚拟游戏环境中与他人并没有身体接触的参与者有能力对他人造成虚拟伤害。研究表明，当一个人不认识正在与之互动的人时，他更有可能做出攻击性行为。[16] 相反，当一个人认识某人时，他或她往往表现出更多的同理心。[17] 一旦虚拟现实环境包含了所有的感官体验和交互,这个场景应该有多现实?应该允许多大程度的疼痛?人们应该感觉到多少疼痛?是否应该建立一个新的评级体系,尤其是针对儿童的评级体系?还有一些心理方面的问题不容忽视。如南加州大学的里佐指出的:"对一个人来说,环境可能会起到宣泄的作用,并有助于在现实世界中传播暴力。另一方面,它可能在现实世界中煽动暴力。"

研究表明,存在感和焦虑感是紧密联系在一起的,这种联系并不总是引起不好的影响。在某些情况下,压力实际上会带来更大的快感和专注力。[18]然而,有研究人员表示,密切关注这种联系潜在的负面影响非常重要,特别是当人们长时间玩游戏或从事有压力的虚拟活动时。加州大学伯克利分校验光学教授马蒂·班克斯发现,长期使用虚拟现实技术会导致严重的眼睛疲劳,他称之为"边缘适应冲突"。[19]坦普尔大学的研究人员报告称,"网络病"和其他疾病并不少见。[20]Cloudhead 游戏的首席执行官兼创意总监警告称,高度的真实感和现实体验可能会导致心脏病发作甚至是死亡。他在 2014 年的一次会议上说道:"你真的可以杀人。"[21]

里佐认为,虽然人们对相同刺激的反应不同,但认识到最终我们都是人类,这一点至关重要。我们的共同点是眼睛、耳朵和边缘系统的连接方式几乎相同。不仅是眼睛和耳朵,人们的身体也是虚拟现实的参与者。更重要的是,一旦全方位跑步机和全身外骨骼设备引入游戏和其他虚拟现实应用当中,风险肯定会增加。他解释说:"这些都不是破坏应用的因素,但它们都是设计师在创建游戏和其他虚拟环境时必须密切关注的因素。"

6.5 虚拟伦理

曾经有人称"性使世界保持运转"。20 世纪 90 年代流行的摇滚乐队死肯尼迪家族(The Dead Kennedys)使这个想法更进一步,

他们的歌词中写道："怪癖的性让世界旋转"。不管你对性和怪癖的看法如何，有一个事实非常清楚：人类、科技和性是不可分割地联系在一起的。达蒙·布朗在2008年出版的《侠盗猎车、古墓丽影等性元素游戏如何改变我们的文化》一书中写道："俗话说，如果你想知道技术的发展方向，就跟着色情电影走吧。"[22]

在20世纪初，法国明信片经常印有女性半裸体的样子，尽管通过邮件寄出这种明信片是非法的，但它们依然广受欢迎。后来，电影也开始朝这个方向发展。到了20世纪60年代，电影工作者制作了大量戏剧和色情电影，它们考验了社会对于在裸体和性方面问题的边界。

20世纪80年代，电脑游戏开始兴起。当人们从电子零售商的货架上买下Atari 2600s和其他游戏机时，他们不仅把《吃豆人》和《超级马里奥兄弟》(译者注：这两款游戏是当时非常流行的单机游戏)装载到他们的机器上，有些人还花了50美元甚至更多的钱购买色情游戏，这些游戏在当时只不过是移植到游戏机里的粗糙影像而已。随后，色情游戏不断出现，扩展着色情的界限。

今天，所有这些似乎都过去了。色情内容的下一个应用领域就是虚拟现实。一些研究人员认为，与传统的色情相比，虚拟现实色情可能更接近人类行为，而不像传统色情产品那么物化。这可能会使它吸引更广泛的受众，包括女性(数据显示女性约占色情网站访问者的1/4)。这也有助于年轻男性以更现实和尊重的方式看待性。但是，这个矛盾平衡的伦理问题还是取决于社会和法律体系，决定什么是可以接受的，什么是合法的。里佐曾提到："在某时某地，有人可能会建立一个猥亵儿童的互动虚拟场景，按照大多数人的标准，这是应受谴责的"。虽然这种做法令人反感，但他同时指出，此类应用程序实际上(在部分国家和地区)可能是合法的。拥有真实的儿童被猥亵的照片当然是违法的，然而，仅仅是一个图形化的虚拟环境可能就是另一回事了。

事实上，美国最高法院在 2002 年裁定，不包括猥亵真实儿童的虚拟儿童色情片受《第一修正案》的保护。[23] 该法院废除了 1996 年的一项法律，该法律禁止儿童色情的虚拟展示。然而，虚拟现实带来了一个新的问题：高度真实的场景看起来如此真实，几乎无法与照片区分开来。里佐认为，如果出现这样的情况，下一个问题是这些类型的体验是否会产生鼓励或防止对儿童猥亵的结果。

在未来几年几乎肯定会出现的多人虚拟现实环境中，情况的复杂性会进一步放大。里佐说："这肯定会成为一个伦理困境，因为这些方面存在很多灰色地带。这些都是道德社会必须解决的问题，因为虚拟现实让一切变得更加真实可用。"

2013 年，一部舞台剧《幽冥》探讨了一系列跨越幻想与现实之间的令人困扰的问题。[24] 剧作家詹妮弗·海利介绍了一个名叫 Papa 的角色，他创造了一个虚拟现实的幻想世界，在这个世界里他可以猥亵和杀害幼儿。这出舞台剧提出了许多令人毛骨悚然的伦理问题，包括是否有可能或是否值得规范或控制涉及令人发指行为的个人思想。也许目前唯一清楚的是，随着虚拟现实的发展，处理色情和媒体监管的伦理复杂性只会不断增加。（因原文涉及敏感信息，本部分内容作适当处理）

6.6 黑客、攻击和隐私

在互联网冲浪的过程中，用户可能随时会遇到安全漏洞的问题。个人、企业和政府总是不断地受到各种攻击。虚拟现实将带来全新的甚至是可怕的挑战。如果向你索要信用卡号或银行账号的人看上去是想给你送生日礼物的朋友或家人，但实际上是个骗子，那么虚拟现实环境下的网络诈骗可能会面临全新层面的风险。如果没有很强效的身份验证方法，用户可能无法知道此人是否是

他们所声称的那个人。

可以合理地认为黑客可以闯入系统并改写应用程序来做一些意想不到或可怕的事情。想象一下，你正在玩一个游戏或沉浸在虚拟旅游应用程序中，比如你在美国旧金山的一条街道上行走，突然遇到了一个不该出现在程序中的抢劫犯。他走上前，拔出一把枪，然后向你索要钱财。如果你不付钱，他就会开枪，这会带来强烈的不愉快的体验。在二维世界里，这种情况可能会令人震惊。但在一个身临其境的三维虚拟世界中，这种突发事件可能足以造成严重的身体或心理创伤。

还有很多关于虚拟犯罪的问题。网络犯罪分子已经找到了利用游戏货币和比特币等虚拟货币洗钱的方法。[25]事实上，如今多人在线游戏中发现自己被黑客攻击，财产和虚拟货币被盗的情况也很常见。在虚拟世界中，当一个人的钱和财产被偷了，会发生什么？这些可能包括车辆、家具、头像和一系列其他虚拟物品。此外，黑客和攻击者可能会闯入系统，重新编码，对参与者造成精神或身体上的伤害。在二维屏幕上玩电脑游戏时，令人恼火和沮丧的东西在虚拟世界中可能会变得更加有害和更具破坏性。

还有一个涉及隐私和保护个人数据的问题。虽然相同的问题也适用于如今的网络环境，但当市场营销人员和其他人有可能会监控用户的眼球运动、非自主的面部表情和其他行为反应，并收集可能包括医疗问题和性偏好在内的用户数据，这种情况下，隐私泄露的风险会进一步加大。最近，在美国政府机构与各种网络托管机构和互联网服务提供商之间关于这个问题的斗争并没有缓解人们对隐私泄露的焦虑。像 Oculus 和索尼是否应该被允许跟踪用户在虚拟现实空间中的行为？机构和执法人员是否应该获得有关个人倾向或行为的记录和数据？如果这个人参与了一个发生强奸和儿童色情的虚拟环境世界该怎么办？营销人员和其他可能滥用个人信息的人又该如何处理呢？

6.7 法律问题

在某种程度上，道德与法律之间存在着明显的界限。到目前为止，虚拟世界中还没有这样的边界。在未来十年甚至更长的时间里，有许多重要的法律问题将诉诸法庭。加州大学洛杉矶分校的法学教授尤金·沃洛克和斯坦福大学的法学教授马克·莱姆利近年来对这一问题进行了探索。[26]他们指出："虚拟现实和增强现实将不仅在游戏、工作、社交生活以及评估和购买现实世界产品方面发挥巨大作用。就像许多重大的技术进步一样，它们在某些方面可能会挑战现在的法律条款。"

在虚拟世界中，许多活动可能会受到审查，包括街头犯罪，如扰乱治安、曝光不雅内容、故意发布有害视觉或其他刺激信息等。关于涉及虚拟世界中各种实体的侵权诉讼，也存在许多尚未解决的问题。关于拥有特定的化身和肖像权有争议时会发生什么？当一个人冒充他人犯罪时会发生什么？更复杂的是，如果犯罪发生在同一虚拟空间，但属于不同的实体管辖区，不同的州、省或国家的规则和法律不同，会发生什么情况？沃洛克和莱姆利写道："社会可能需要重新思考什么才是具有法律约束力的条款，以及我们希望哪些东西受到公共规则而不是私人规则的约束。"[27]

目前的法律并没有将虚拟触摸骚扰定为犯罪，法律认为没有实际性侵犯或殴打行为，因为人实际上没有被触碰过。然而，在一个虚拟的空间里，人们可以通过触觉将他们的虚拟触觉强加给他人，这种行为会在现实世界中呈现出完全不同的情景。同样，如果一个人在其他人（包括儿童）面前实施了令人发指的行为，会发生什么？沃洛克和莱姆利指出："我们把许多规则建立在精神和内心中我们感知到的事物和我们所经历的事物之间的区别上。虚拟现实和增强现实将使我们更难划清界限，这可能会促使我们认真思

考为什么我们要惩罚某些行为，即使不是发生在真实世界中的其他行为。”这也可能导致虚拟世界中建立起保护系统，排斥或阻止不受欢迎的虚拟化身进入虚拟世界。

最终，这个体系可能会迫使社会和法律体系重新评估和重新思考“真实”的概念，在这个世界上，我们越来越多的最重要和最真实的情感体验，在经典的现实理解中并不“真实”。但他们感觉是真实的，他们可以有真正的生理顺序[28]，沃洛克和莱姆利援引心理学家的研究，指出有时被视为“情感”伤害的行为会产生生理影响。例如从创伤后应激障碍到虐待关系造成的伤害。[29]更复杂的是，世界各地的文化和价值观各不相同，这会让问题变得更加复杂。

6.8 人的脱节

虽然增强现实和虚拟现实技术可能对身体或行为有障碍的人是有利的，被证明是治疗一系列疾病的福音，但也可能导致身体和心理健康问题。除了恶心、头晕、眼睛疲劳和身体劳损之外，还有重复性的压力伤害和真实世界中受到伤害的风险，这些伤害是由于用户戴着头戴式显示器，不能看到真实世界，活动的时候碰到真实的墙壁或跌落的物体造成的。事实上，虚拟现实系统一般会屏蔽掉所有外部的视觉和声音信息，这意味着要保持对周围真实环境的感知很困难。更重要的是，内置在虚拟现实系统中的警告设备不是总能够提供准确的结果，有时提醒也不够及时，这些都很容易导致伤害的发生。

虽然增强现实和虚拟现实技术可能对身体或行为有障碍的人是有利的，被证明是治疗一系列疾病的福音，但也可能导致身体和心理健康问题。

虚拟环境参与者的潜在心理体系也令人担忧。据部分使用过虚拟现实头显的人报告说，他们害怕回到现实世界。虚拟现实的狂热用户托比亚斯·范·施耐德在2016年发表了一篇令人忧心的文章，讲述了他的身体和大脑对虚拟现实的反应。他写道："使用虚拟现实头显，尤其是游戏室规模的体验是很神奇的。经过几个小时紧张的虚拟现实体验，我很快就注意到了在几个小时后的感觉。我说的是一种奇怪的悲伤感。"[30]他同时还抱怨虚拟现实环境中的颜色没有那么明亮，体验也远没有那么强烈。

这种结果称为虚拟现实后的宿醉感（译者注：VR晕动症。一些人在玩VR时或玩VR后会出现，其症状包括头晕、恶心和失衡）。2006年，一组研究人员进行了一项VR和临床解离（自我和现实分离的状态）的研究，其中包括蒙特利尔大学精神病学系的副教授弗雷德里克·阿尔德马，研究发现虚拟现实增加了与现实分离的体验，降低了人们在现实中的存在感。[31]研究人员还发现发生了放大效应。报告称："个体预先存在的解离和沉浸倾向越强，VR的解离作用就越大。"其他研究发现，真实世界中的不真实感可以通过与自然感官输入相矛盾来触发。这是因为大脑接收到的信号与内耳和大脑处理的信号不匹配。（译者注：人格解体-现实解体综合症（DPDR），现实解体指感觉世界不是真的，人格解体指感觉自我不是真的。）

虚拟现实还有其他方面的问题。例如上瘾已经是游戏界的一个常见问题。关于人们因为沉迷于游戏而无法工作、无法维持关系或无法管理友谊的案例不胜枚举。还有记录称有人连续多日玩游戏，不吃饭也不上厕所，直到死去。2015年，中国台湾一名18岁的男子在玩了3天的游戏后死亡。[32]同年，中国上海一名23岁的游戏玩家在网吧里连续玩了19个小时《魔兽世界》后筋疲力尽而死去。[33]有报道称，当个别玩家的游戏被关闭或损坏时，他们会攻击甚至射杀他人。[34]

当然，把从反社会行为到谋杀的各种社会弊病都归咎于电脑

游戏极具煽动性。实际上,这些弊病只是社会的缩影。许多有心理疾病的人在生活中玩或不玩游戏都可能会脱离社会规范。但有证据表明,游戏会使行为问题恶化。世界卫生组织在2018年初更新了国际疾病分类代码手册,将游戏障碍纳入其中。包括当一个人不能控制他在操作台前的时间,当它影响了生活的其他方面,当一个人不能停止游戏甚至威胁到工作或关系的程度时,成瘾就是一个严重的问题。[35]

最后,人正变得越来越反社会的担忧日益增长。包括无法区分发生在真实世界和虚拟世界中的元素或事件,以及更普遍的问题是人们在虚拟空间和真实世界中相互伤害。人们在驾驶车辆时更大胆,行为更具侵略性,虚拟现实玩家在游戏或社交空间中的行为也更具侵略性。同样,也有人担心虚拟世界可能会导致人社交技能的下降,尤其是那些花大量时间在虚拟现实空间的人。虽然一个人可能并不是刻意要变得粗鲁或刻薄,但他甚至没有意识到他的某些行为已经越界了。

尽管所有问题都没有明确的答案,但来自德国约翰内斯·古腾堡大学的研究人员在2016年的报告中提到,虚拟现实可能会创造新的方式来控制人类思维。[36]这可能会在广告、假新闻和政治宣传等不同领域带来全新的挑战。作者指出:“虚拟现实所带来的风险是全新的,它超出了孤立环境中传统心理学实验的风险,也超出了现有媒体技术对公众的风险。”最后,他们认为,长期沉浸体验可能会引发其他未知的反应,或好或坏。一个消极的后果可能是去人格化去化障碍,这是一种围绕着脱离自我的心理状态。

这种情况的影响可能很严重。迈克尔·马达里和托马斯·梅津格在一家专门研究消费者行为的新闻网站LS:N Global[37]上写道:“在虚拟现实中的时间越长,就越可能会破坏我们对真实世界的正常体验,减弱用户对自己身体的控制感,取而代之的是对自己虚拟化身的更强烈的控制感。由于沉浸式技术不受监管,内容提供商必须认真对待可能产生的负面心理后果的内容。”

6.9 将来时

要梳理众多伦理道德问题,建立一个社会和法律体系来处理扩展现实的问题并非易事。许多研究人员建议为研究人员和产品研发企业制定一个道德行为准则。[38]包括权衡虚拟现实暴露出的具体风险,将安全措施纳入应用程序,以及在数据收集和使用方面提高透明度,尤其是在将数据应用于科学研究时。艾伯特·里佐认为,“归根结底,扩展现实开发企业必须为意想不到的情况做好准备。由于虚拟现实正在不断发展,并不是所有关于虚拟现实已经曝光后果的问题都得到了解决。因此,在开始研究方案之前,应该对所有可能的负面反应进行彻底的评估。”[39]

许多相关问题将在未来数年内受到持续关注,这些问题因不同的用途和情况而呈现出不同的受关注程度。但存在一个共同的主题:根据人的行为、反应和互动方式,扩展现实技术可以为个人和社会带来截然不同的结果。人们是否会在虚拟世界里重新开始第二人生,建立全新的关系?人们是否会在虚拟世界工作?增强现实、虚拟现实和混合现实将如何引领年轻人的思维时尚化?正如广播、电视、互联网和移动电话塑造了一代又一代人的价值观和情感,以及人们如何看待和对待世界。扩展现实技术将改变人类历史的进程,这是一个既迷人又有些让人害怕的未来。

7

拥抱一个增强和虚拟的未来

7.1　人机互联

问题不是在于扩展现实是否会成为我们世界的一个标准组成部分，而是如何、何时、何地成为我们世界的一部分。另一个未知因素是这些技术将采取何种形式以及社会将如何适应。在理想主义和反乌托邦的结果之间，存在着推选、收益、成本、问题和意外后果的真实世界。很明显，随着虚拟现实、增强现实和混合现实技术的发展，生活将不再是原来的样子。扩展现实技术将改变人们处理事情的方式、购买东西的方式、与他人互动的方式，最终影响和改变人类的思维和行为方式。

> 问题不是在于扩展现实是否会成为我们世界的一个标准组成部分，而是如何、何时、何地成为我们世界的一部分。

很明显，人们对虚拟现实的兴趣很高，而且还在持续增长。调研公司 Statistica 进行的一项调查显示，77％的 20～29 岁的人对虚拟现实有一些或非常感兴趣。在 30～39 岁的人群中，这一比例为 76％。值得注意的是，40～49 岁的人群中，这一比例达到 50％。也许最有说服力的统计数据是 14～19 岁的受访者中只有 4％表示对虚拟现实不感兴趣。[1] 剩下的 96％都将是未来几十年成为社会主流的人。

10年或20年后，增强现实和虚拟世界会是什么样子？我们将如何在日常生活中使用这些技术和虚拟空间？它们将如何改变我们的工作方式？它们将如何改变我们彼此交流和互动的方式？没有明确的答案。最终，也许只有一件事是确定的：真实世界和虚拟世界之间的界限将越来越模糊，在某些情况下，变得完全无法区分。人类和机器将比以往任何时候都更加相互关联和相互联系。

7.2 未来已来

扩展现实正以惊人的速度向前发展。每天，新的概念和应用层出不穷。随着数字技术的进一步融合，软件设计师和开发人员不断学习提高，创建更具吸引力和实用性的应用程序和工具，增强现实、虚拟现实和混合现实正从社会的边缘（这一领域大多属于早期先行者和技术极客的范畴）转移到商业和生活的中心。像移动通信、物联网、人工智能和许多其他数字技术一样，扩展现实技术将迎来巨大的社会变革。我们的家庭、企业和公共空间将呈现出与传统意义的真实世界不同的形态和形式。

未来生活将如何改变？虚拟现实、增强现实和混合现实肯定不会取代真实世界，这些技术将引入一个全新的维度，有时会取代并扩展"真实"的世界。设计师、建筑师、科学家、律师、作家、销售人员、顾问、教师和许许多多人会戴上VR眼镜来完成部分或全部工作，用以进行研究或创建产品和建筑的三维计算机模型。人们将在虚拟空间中相遇，并将虚拟与实际的真实空间相结合，将人、地和事聚集在一起，以新的和不同的方式创造混合现实的环境。在一些情况下，这些空间将引入只有在栩栩如生的数字世界中才能发生的体验。

例如，工程公司可能会邀请开发人员参加对拟建高层建筑的虚拟参观。分散在不同公司和全球各地的参会者将使用头戴式显

示系统参加远程交流。在这个过程中，主办方可能会提出显示真实对象和组件的数据叠加的技术规范。参与者将实时查看信息并进行修改。最终，涉及复杂的行程和数十人会议协调的设计过程将会快速、高效和低成本地完成。使用虚拟现实的另一个好处，是带来的收益将在项目过程中成倍增长。

扩展现实（包括其他数字工具）的好处将扩展应用到许多领域。例如，医生、护士和技术人员可以依赖虚拟环境来诊断病情和治疗患者。传统的办公室交谈活动可以在虚拟空间中进行，其间允许医生远程查看和诊断患者的全息影像。在这个混合现实空间中，医生可以使用连接的远程监控设备血压监视器、心率监视器等来获取关于患者的数据，或者通过三维视频或图形向患者展示手术流程或治疗过程是如何进行的。

在整个各种各样的工作过程中，扩展现实技术可以创造出全新的方式来简化流程，为参与者提供更好的体验。而且，扩展现实技术也将改变我们在工作之外的生活。或许在十年内，网上购物网站将会提供身临其境的虚拟购物体验。虚拟商店很可能类似于实体商店，同时也提供了真实购物空间中不可能实现的功能：即时访问有关产品的信息、显示产品工作原理的视频和全息影像等，用户通过单击来选择商品。同时，实体店也将采用虚拟店面的一些元素。通过在实体店佩戴增强现实眼镜，购物者查看真实商品的同时会查看到产品信息和规格等叠加配准的数据。

扩展现实技术还将改变我们看电影和体育运动的方式，改变我们做饭、浏览新闻和使用社交媒体的方式。新技术将帮助用户使用更直观的方式来安装电灯开关或组装家具。通过增强现实眼镜可以将用户的双手和食谱或教学视频投射并配准到一起，将数字和真实环境融合到一个混合现实环境中，扩展人对现实交互的基本功能。在这个全新的领域，不需要在手机或平板电脑上启动或停止视频或教程，也不需要不停地拿起或放下螺丝刀。只需要语音命令和手势交互就可以实现控制,大大减少停下来查阅教程和帮助带来的不便。

> 扩展现实技术将改变我们看电影和体育运动的方式,改变我们做饭、浏览新闻和使用社交媒体的方式。新技术将帮助用户使用更直观的方式来安装电灯开关或组装家具。通过增强现实眼镜可以将用户的双手和食谱或教学视频投射并配准到一起,数字和真实环境融合到一个混合现实环境中,扩展人对现实交互的基本功能。

7.3 隐私:下一代

隐私之争可以追溯到计算机和数字技术的起源。近年来,关于隐私的话题越来越受到关注。皮尤研究中心 2018 年的研究显示,93%的美国人认为保护个人数据隐私很重要。[2] 皮尤研究中心在 2017 年进行的另一项调查发现,49%的美国人认为,与 5 年前相比,他们的个人数据变得更不安全了。[3] 人们如此担心网络安全的心态很容易理解,数据泄露和被窃取已成为当今世界的日常现象。重要的是,个人数据的泄露往往还伴随带来非常严重的后果。

扩展现实的应用将进一步放大关于个人隐私的问题。网络浏览器、智能手机、全球定位系统、各种各样的单击流和其他数据信息,包括使用信用卡或通过忠诚度计划购买的历史记录,这些数据都可以提供一个非常详细的关于他是谁以及他每天做什么的信息。扩展现实技术可以跟踪用户在虚拟环境中的身体运动、眼球运动和操作选择等,具有提供高度细节的心理和心理特征的潜力。当然,通过扩展现实详细的监测,也有可能帮助发现某些健康问题。随着虚拟环境变得越来越复杂,个别商人和一些不法之徒都有可能以不恰当的方式(有些甚至是恶意的)使用个人隐私数据。

扩展现实中的隐私问题并不是一个抽象的概念。2016 年，Oculus 发布了一份隐私政策声明，其中透露该公司将收集用户的数据，包括当用户使用虚拟现实头显时的身体运动和尺寸信息。这一声明引发了公众的强烈反应。[4] 2018 年，由于欧盟通用数据保护条例对欧洲公民实施了更严格的隐私标准，Oculus 更新了其政策，引入了一个隐私中心，用户可以在中心查看收集到的关于他们的数据，并选择使用哪些数据。[5]然而，扩展现实领域的隐私战争才刚刚开始，人们忧心忡忡，担忧虚拟现实可能导致用户身份被盗用以及新型政府监控的增加等诸多全新的问题。

增强现实技术带来的隐私问题相对独特但同样令人烦恼。例如，当人们在 2013 年开始使用谷歌眼镜设备时，关于隐私问题的争论几乎立刻就开始了。这种眼镜可以拍摄照片，捕捉视频，并向全世界直播。企业、军事机构和许多其他机构都对使用设备捕捉敏感或机密信息表示担忧。有些机构甚至在包括夜总会、餐馆和健身房等很多场合禁止使用谷歌眼镜，因为担心在这些地方会有谷歌眼镜用户偷拍和散布包括厕所和更衣室等私人场所的照片。

7.4 个人视角

在游戏世界里，使用化身来代表人或物是很常见的手段。虚拟世界可能会在化身的概念基础上扩展，同时为用户引入完全不同的互动方式，这些方式包括视频和全息头像等，也可以包括管理不同任务或协助不同事件的不同化身。所有这些将如何改变人们的行为和社会体系还有待观察。德国美因茨约翰内斯古腾堡大学的哲学家托马斯·梅津格认为，所有这些都表明有必要为虚拟现实世界制定行为准则。他在 2016 年的一篇学术论文中提到：“一个人的环境可以影响人的心理状态，沉浸在虚拟现实中会产生心理上的影响，这种影响在离开虚拟环境后还会持续。”[6]

梅津格指出，使用虚拟现实围绕着四个关键问题：长期沉浸、脱离社会和现实世界、危险内容和隐私。他还指出："虚拟现实是一种技术，技术改变了客观世界。最重要的是，客观变化往往是主观感知的。这可能导致价值判断的相应变化"。例如，特别是全身沉浸体验的虚拟现实应用，可能会破坏人看待自然世界的方式以及人们与自然世界的关系。

可以试想：虚拟的影像并不一定要与它的真实对应物相匹配就可以使人以为是真实的，并使人根据感知到的内容进行对应的反应。研究表明，当人们透过虚拟现实眼镜观看自己身体（或虚拟身体）时，会认为看到的就是自己的身体。梅津格指出，当人看到一个虚拟场景，在虚拟场景中有人挠他们的背时，他们会感觉到他们实际上是在被人抚摸，他们无法区分这两者。事实上，受试者报告称他们感觉虚拟身体是他们自己的。类似的情况有，对某些信号的操作（包括心跳）可以影响人们的思维方式和对周围虚拟环境的看法。

斯坦福大学虚拟人机交互实验室的杰里米·贝伦森认为扩展现实技术可以增加真实感。"实际上可以让虚拟现实比面对面交流更好。用虚拟现实可以更个性化或者比现实世界中更具社交性。有很多方法可以验证这种情况，就好像是阿凡达，你永远都是你想要的样子，你永远不会有不适当的姿态，因为可以有算法过滤器在虚拟世界中解决这些问题。你可以做一些看似奇怪的事情，比如看着一个人眼睛的同时也看着其他人的眼睛，每一个跟你对视的人都以为他是唯一能与你眼神交流的人。"[7]

有理由相信，只要有可能，一些人会选择离开现实世界。这些人可能开始以虚拟世界而不是真实世界的模式来思考。而且，虚拟现实可以让人尝试不同种族、宗教或性别的生活，或者感受生活在不同时代的感觉。梅津格指出，"事实上，虚拟现实技术可以诱使产生化身的幻觉，这是研究人员和大众担忧使用虚拟现实技术

会产生的新风险的主要内容之一。传统的实验心理学范畴无法诱发这些强烈的幻觉。当然，问题在于这些虚拟空间的体验是否会增强或破坏现实的关系。”

这个理念是 2013 年电影 *she* 的核心思想。电影探讨了一个叫西奥多·托姆布莱（约金·菲尼克斯饰）的男人与一个高度智能化的电脑操作系统之间浪漫的情感关系，这个电脑操作系统通过一个化身萨曼莎（斯嘉丽·约翰逊饰）的女声体现出来。[8]抑郁且刚结束婚姻的托姆布莱越来越被萨曼莎迷恋并依赖她来管理他的日常生活。他们很快发现如此地投缘，而且存在双向的需求与欲望，人机友谊最终发展成为一段不被世俗理解的奇异爱情。通过这部电影可以想象一下虚拟空间中的这种关系。有的人喜欢能提供视觉和触觉的刺激模拟来作为现实世界中的邂逅和性行为的替代品。

7.5 世界观

虚拟现实如何影响个人并不是唯一需要考虑的因素。梅津格指出，在扩展现实技术发展的背景下，世界将如何以不同的方式互动？虚拟现实将如何影响对他国和文化的态度？虽然这些都还没有明确的答案，但也很明显存在深层次行为操纵的可能性。重要的是，与其他形式的媒体不同，虚拟现实可以营造出一个用户的虚拟世界，而整个虚拟环境都是由创造者来决定的，甚至包括先进的化身技术引发的“社会幻觉”。与现实环境不同，虚拟环境可以快速、轻松地进行修改，以影响虚拟环境中用户的行为。

这涉及宗教、政治和政府。它也影响着新闻媒体和社交媒体，而社交媒体在遏制假新闻和假信息传播方面面临着越来越大的挑战。梅津格指出，虚拟空间改变了人类的思维，其影响波及现实世界，影响着大大小小的决策。学术研究的结果支持了他的观点。2014 年的一项研究发现，那些在虚拟世界中被视为“超级英雄”并被赋予“超级权力”的人往往表现得更为无私，但那些被赋予“恶棍”特征的人则往往表现得更为恶毒。[9]

这个理念极具现实意义。西班牙研究人员进行的另一项研究发现，当浅色皮肤的个体进入沉浸式虚拟现实环境并被赋予一个深色皮肤的身体时，他们隐含的种族偏见就会减少。[10]学校是否可以使用这种工具来帮助青年人和成年人增进对其他种族的了解？是否也可以用于不同的宗教和文化？换一个角度，同样的工具是否会被用来在世界范围内助长仇恨和偏见？在当今这个利益至上的社会环境下，答案很可能是两者兼而有之。

可以试想，虚拟帮派、虚拟组织甚至是虚拟军队都将出现在虚拟空间中。这可能带来完全不同的对参与者监管和保护的方式。最后，很多人担心恐怖分子可能利用虚拟世界给他人带来痛苦和创伤。可能是可怕的影像，或者是更新和更严重的恶意软件威胁，以及对虚拟空间的劫持。这也带来了另外一个问题：是否需要在这些虚拟空间中创建虚拟警察或治安部队？在虚拟世界中是否需要惩罚和监狱？一些人会被禁止进入虚拟世界的某些领域吗？

最终的问题是：虚拟世界与现实世界的镜像会有多接近，又会有什么不同？

7.6 从身体到心灵

扩展现实改变人们和社会思维方式的能力很可能渗透到生活的其他方面。近几十年来，营销和广告已经变得更加复杂。政治广告也取得了长足发展，并呈现出新的层面。研究人员和数据科学家已经学会了如何通过使用心理分析技术来锁定目标人群，这些技术关注用户的个性、价值观、观点、态度和兴趣等信息。

这包括基于更细粒度的人口统计和特征的细化目标广告的能

力。例如,广告客户可能会用不同的短语和语言(包括方言)制作不同的广告,以吸引不同的群体。在虚拟世界中,这种能力可以扩展到不同的种族、宗教、政治取向和其他相关因素。人的肤色、言语模式和行为可能因节目或广告而异。应用程序甚至可以根据用户的愿望或偏好生成不同的化身。

事实上,虚拟现实广告已经到来。Adidas 就制作了一个广告,通过在一个名为 Delicatsen VR 的虚拟环境中模拟攀岩来推广其 Terrex 户外装备。[11]可口可乐公司基于 Oculus Rift 推出了一款虚拟健康雪橇,[12]在虚拟雪橇中,骑手可以穿越森林,飞越不同的村庄。埃森哲公司的维亚尔说,未来,虚拟现实中内置的反馈系统将有助于深入了解人对各种刺激的实时反应。包括眼睛和头部的转动,人们更愿意选择什么样的虚拟现实空间进入等信息。广告商可以利用这些数据构建行为“热图”(本质上是使用者的共同特征),也可以实时改动和调整广告,甚至在一对一的基础上使广告个性化。

心理数据具有延伸到现实世界的深远影响。维亚尔说,“可以试想,一个人走进虚拟商店查看商品。他第一次走进来的时候会看到什么?他们为什么会转过头?什么吸引了他们的注意力?他倾向于选择什么样的产品或事物?这些从身体运动的行为总和中收集的数据会决定如何更好地建立虚拟空间以及现实存储。而且,这些数据也可能被一些人用来操纵人类,以获取经济或政治利益。”“从虚拟环境中收集的数据可以让人前所未有地了解人类的思维。”

7.7 生命中的一天: 2030

增强现实技术、虚拟现实技术和混合现实技术正在飞速发展。下面是 2030 年典型的一天。

周二早上7点。马克·史密斯醒来,戴上他的增强现实眼镜。轻敲了一下相框前面的一个按钮,查看VIP名单上的联系人发送的信息列表。他仍然使用智能手机,但智能手机已经不再是主要工具。增强现实眼镜的功能已经超过了智能手机。眼镜可以接受语音命令,显示与马克这一整天相关的地点和事物的相关数据。

马克洗了个澡,穿好衣服,然后到厨房去吃早饭。增强现实眼镜使用红外线技术扫描他的小麦吐司和炒鸡蛋,并根据食物的体积提供卡路里数据。系统会记录他一整天的热量和营养状况,如果改变了饮食计划,他就会收到警报。吃饭时,他收到一条客户发来的短信。他看了看,然后口述了一个简短的回答。如果需要回复更长的信息,他可以打开全息显示屏,在桌上投射出键盘,然后在键盘上敲下回复的内容。

早餐后,马克通过增强现实眼镜订了一辆共享汽车,他继续查看留言和其他文件。眼镜可以识别出他在车里,因此可以根据需要提供相关信息,包括往返西雅图市中心办公室的时间。当他终于处理完收到和需要发出的信息,就通过投射到他眼镜的内容看了会儿新闻,他戴着一个耳塞,可以同步接收视频中的声音。

马克一到办公室,就马上准备和客户开电话会议。作为一家跨国工程公司的高级项目经理,他的工作是确保一个大型建筑项目按计划进行。他戴上一个虚拟现实头显,在虚拟空间里用激光笔进入一个小组会议。他联系了另外4位在西班牙巴塞罗那合作设计新高层建筑的与会者,他们分别位于纽约、东京、马德里和巴塞罗那。

进入虚拟会议场所,马克可以看到其他会议参与者的头像。当一个人说话时,他的化身会发光,而其他人则会变暗。房间里布满了虚拟显示屏,它们可以被想象成一系列的电视屏幕,帮助马克和其他人浏览效果图、技术信息等等。马克使用激光指针选择屏幕,观看图像、视频、图形和数据,并转换为使人身临其境的三维

演示。

马克选择了他所建议结构的模型。系统会立即将所有参与者带入到这个结构模型的虚拟空间。小组成员漫步于入口和大厅，乘坐电梯，观看项目完成后各个空间的景象。马克展示了一个专为餐厅设计的空间。伴随他轻轻的触碰，场景从空旷的地方变成熙熙攘攘的餐厅。然后，他带领团队参观办公场所和豪华公寓。在巡演过程中的不同地点，他拿出在虚拟空间投影的规格和细节。其他会议参与者也可以使用他们的激光指针来选择对象和数据。20 分钟后，马克结束了这次虚拟的巡演。经过简短的讨论，所有的参与者都签字同意。马克摘下他的虚拟现实头显，重新戴上增强现实眼镜，然后通过视网膜扫描进入个人电脑。

几个月后，当大楼实际建设时，马克将参观工地，使用增强现实眼镜查看实体结构，同时通过增强覆盖的显示层了解相关信息。包括有关电气系统、管道和供暖、通风和空调的关键数据。不过，目前马克还有其他工作要做。所以他走进了办公室的虚拟现实全息甲板(译者注：全息甲板是热门电影《星际迷航》提出的概念，常用来比喻想象中的虚拟现实技术终端，也可以理解为全息操作平台)。他戴上高清虚拟现实头显，用手势和特殊手套查看工程和设计选项。他快速地回顾客户的不同想法和修改意见，同时获得这些修改将如何在现实世界中呈现的效果。

晚上 6 点，马克回家前要去健身房。他叫了一辆共享汽车，在 25 分钟的车程中看了一场电视节目。增强现实眼镜会自动调整以优化车内照明效果。在健身房，眼镜显示了他走了多少步及在跑步机上燃烧了多少卡路里。连接到他运动服中的物联网传感器也会闪烁水合作用警报和其他重要信息，包括何时用力和何时放松的提示。当传感器确定他已达到锻炼目标时，眼镜会发出祝贺的信息。马克拿起一杯水，去浴室洗澡，以结束这次锻炼。

几分钟后，马克在杂货店停下来买了一些东西。他的增强现实眼镜可以让他查看有关商品的营养数据。由于马克想再减掉10磅体重,他需要对自己购买的食物保持警惕性。当他手里拿着一个包装袋或罐头时,眼镜会扫描标签,必要时还会扫描条形码。利用图像识别技术将数据传输到云端的数据库中。很快,增强现实眼镜就会显示出产品的相关信息。马克买完东西后,轻拍一下眼镜,激活生物识别扫描仪,进行身份验证并付款。在回家的路上,他和正在上大学的女儿进行了一会儿视频聊天。

马克到家吃完晚饭后,拿起他的虚拟现实头显,穿好触觉反馈连体衣。他在网上浏览了几分钟的虚拟现实版的网站,然后拿出一本大溪地度假胜地的虚拟现实手册。通过头戴式显示器和连体衣创造出了真实的大溪地度假的感觉,有阳光、沙滩和冲浪。马克游览度假村,走进酒店和水上房屋,品尝美味的食物,甚至可以在大群的鱼和海龟之间体验潜水。他还没有准备好预定旅行,一旦他想好了,就可以在虚拟空间完成预定支付。

最后,马克选择了一部3D冒险电影。这部电影提供了完全沉浸式的体验,让他处于所有动作的中心,同时感受到电影中发生的故事。即使他只是坐在沙发上,紧身衣也能产生温度和运动的感觉。当他接触到一个物体时,就能体验到触摸的感觉。看完电影后,马克把头显换回眼镜。他又检查了一遍留言,准备上床睡觉。晚上,眼镜通过位于他腕带上的传感器追踪他的睡眠。在这段时间里,增强现实眼镜放在充电垫上充电,这样就可以在第二天早上继续使用了。

7.8 虚拟的未来正在展开

现实总是涉及某种程度的感知。数字世界中的文本文档或头像真地和现实物品有什么不同?它对人类心灵的影响和印记,是否比纸张上的墨水或空间中的物体小?出现在虚拟空间中的人和

事，是否比坐在我们对面的餐桌上的人和事物意义更小？从某种程度上说，当真实世界和虚拟世界发生碰撞并变形为一个更广泛的概念：存在，就很难识别它们的差异。

显然，虚拟现实、增强现实和混合现实将在未来几年塑造和重塑我们的思想。扩展现实将引入新的工作、娱乐和环游世界的方式。它将引入全新的应用类型和新的娱乐形式。机遇和可能性令人鼓舞，但陷阱有时也令人恐惧。扩展现实有潜力在人与物之间架起桥梁，让世界变得更美好。它有可能给学习、娱乐和工作方面带来巨大的进步。然而，与此同时，这些技术肯定会伴随着新的社会问题而产生全新的令人烦恼的挑战。

扩展现实的问题冲击着人类存在的核心理念。技术会改变我们的生活并真正改善我们的世界吗？会帮助人们变得更开明，还是会在有缺陷的、经常失调的人类行为的重压下沉沦？扩展现实是否会引入数字抽象层，使我们更远离自然？会有人选择在虚拟现实中度过他们的大部分时间，而牺牲实际的身体互动吗？这是否会导致更高程度的孤独、不快乐、抑郁甚至自杀？沉浸式虚拟体验将如何影响我们看待其他社会、宗教及人的方式？

最后，有一件事是肯定的：扩展现实将继续存在。它已经在商业和生活中根深蒂固，只是我们还没有完全认识到。这些连接点和争议点将在未来几年呈指数级增长。正如虚拟现实先驱杰伦·拉尼尔在其著作《新事物的黎明》《遭遇现实与虚拟现实》中所写，"你也许听说过虚拟现实近几十年来都失败了，但只有在低投入、爆米花的流行娱乐应用中才是这样。在过去的 20 年里，你乘坐过的每一辆车，无论它是滚动的、飘浮的还是飞行的，都是虚拟现实的原型。虚拟现实在外科培训中的应用已经广泛应用，以至于有人担心它被过度使用。"

最后，杰伦·拉尼尔说道，虚拟现实的浪漫理想一如既往地蓬勃发展。虚拟现实与现实相反，正如"嬉皮士加技术控"结合在一起,它是高科技,同时又像一个梦或一种无限体验的长生不老药。尽管没有人知道虚拟现实最终会变得多么富有表现力,但在虚拟现实的概念中,总会有那么一点点激动人心的内核。

扩展现实迫使我们重新思考关于感知的基本假设,以及我们体验人、地和物的方式。如果历史有任何迹象,没有理由认为它不是一个好的指南,结果将是一系列的结果。正如计算机和其他数字系统使我们的世界变得更好或更坏一样,增强现实、虚拟现实和混合现实将迎来一个全新的世界,从根本上改变社会。打包好 AR 眼镜或头戴式显示器,戴上触觉手套,系好安全带,因为进入增强、虚拟和混合现实的旅程将是一次疯狂的旅程。

相关词汇

1. 应用程序编程接口(API)

API是一些预先定义的函数,或指软件系统不同组成部分衔接的约定。用来提供应用程序与开发人员基于某软件或硬件得以访问的一组例程,而又无须访问源码或理解内部工作机制细节。

2. 增强现实眼镜

增强现实是一种将虚拟信息与真实世界巧妙融合的技术,增强现实眼镜以眼镜或护目镜的形式出现,作为人和计算机设备之间的数字接口。设备通过视频、音频和其他形式的数字数据来扩充物理世界。

3. 人工智能(AI)

人工智能是研究、开发用于模拟、延伸和扩展人的智能的理论、方法、技术及应用系统的一门新的技术科学。

4. 屏幕高宽比

描述的是画面出现在屏幕上的样子。在虚拟现实或混合现实环境中观看图像的屏幕比例。如果纵横比设置不当,图像将出现失真。

5. 增强现实(AR)

增强现实是一种实时地计算摄影机影像的位置及角度并加上相应图像的技术,是一种将真实世界信息和虚拟世界信息"无缝"集成的新技术,这种技术的目标是在屏幕上把虚拟世界嵌套在现实世界中并进行互动。

6. 化身

现实世界中的物体或人的电子或数字表示。

7. 洞穴式自动虚拟环境(CAVE)

CAVE显示系统的原理比较复杂,它是以计算机图形学为基础,把高分辨率的立体投影显示技术、多通道视景同步技术、音响技术、传感器技术等完美地融合在一起,从而产生一个被三维立体投影画面包围的供多人使用的完全沉浸式的虚拟环境。该环境通常依赖于佩戴头戴式显示器和控制器的用户与虚拟元素进行交互。

8. 中央处理器(CPU)

中央处理器作为计算机系统的运算和控制核心,是信息处理、程序运行的最终执行单元。CPU自产生以来,在逻辑结构、运行效率以及功能外延上取得了巨大发展。

9. 数字手套

通常包括触觉和力觉反馈的一种手套设备,可以使用传感器连接到虚拟现实系统,包含控制虚拟空间的手部动作和手势。

10. 动态静止框架

一种动态调整视觉输出,以满足虚拟现实体验要求的技术。有助于减少头晕、恶心和迷失方向等这些虚拟现实空间导致的问题。

11. 外骨骼

一种由钢铁的框架构成并且可让人穿上的坚硬覆盖物。在虚拟现实中提供触觉刺激或感觉的一种衣服,可以产生运动或肢体力量的错觉。

12. 扩展现实(XR)

扩展现实是指通过计算机技术和可穿戴设备产生的一个真实与虚拟组合的、可人机交互的环境。扩展现实包括增强现实(AR)、虚拟现实(VR)、混合现实(MR)等多种形式。

13. 视线追踪

追踪眼睛的运动。准确来讲就是通过图像处理技术定位瞳孔位置,获取瞳孔中心坐标,并通过某种方法计算人的注视点,让电脑知道你正在看什么。

14. 视场角(FOV)

虚拟现实、增强现实或混合现实环境中的视野。视野是用度数来测量的。数字越大场景就越逼真。

15. 视网膜凹式渲染

视网膜凹式渲染(也称漏斗状渲染、焦点渲染),这种技术可以通过准确感知用户眼球的运动方向,仅渲染在高分辨率下直接观看的位置的东西,其他区域的所有东西都可以以低得多的分辨率渲染,从而有效减轻头显显卡的运行负担。

16. 图形处理器(GPU)

图形处理器是一种专门在个人计算机、工作站、游戏机和一些移动设备(如平板计算机、智能手机等)上做图像和图形相关运算工作的微处理器。

17. 力触觉感知

刺激触觉和力觉的技术,从而在虚拟现实中创造更真实的体验。这种触觉反馈通过控制器、手套和全身套装(包括外骨骼)来实现。

18. 头戴式显示器(HMD)

虚拟现实应用中的 3D VR 图形显示与观察设备,可单独与主机相连,以接受来自主机的 3D VR 图形信号。使用方式为头戴式,辅以三个自由度的空间跟踪定位器,可进行 VR 输出效果观察,同时观察者可做空间上的自由移动。

19. 头部跟踪

测量用户头部运动,以动态适应和调整视觉显示的技术。

20. 抬头显示器(HUD)

一种使用增强现实技术在屏幕上生成数据的投影系统。系统可以减少或避免用户将视线从主要视点移开。

21. 全息甲板

全息甲板是作为虚拟空间的基本框架的物理空间。源于热门电影《星际迷航》，它通常由裸露的墙壁、地板和天花板组成，通过头戴式显示系统，在虚拟现实环境中改造空间。使用传感器，人可以穿越空间并看到完全不同的东西。

22. 全息

投射到物理或虚拟世界的物体的三维摄影图像。

23. 沉浸式虚拟现实

完全脱离现实世界的人工虚拟环境。

24. 延迟

视觉或听觉输出的延迟，导致应用程序或现实世界中的其他信号不匹配。

25. 发光二极管（LED）

一种使用双引线半导体作为光源的显示器。LED 显示器是虚拟现实中常用的显示器。

26. 混合现实（MR）

将真实世界和虚拟世界混合在一起，产生新的可视化环境，环境中同时包含了物理实体与虚拟信息，并且必须是“实时的”。

27. 混合现实连续体

由虚拟现实、增强现实和物理现实相结合而产生的一系列环境。

28. 全方位跑步机

一种机械装置，类似传统的单向跑步机，但允许 360°的运动。在 VR 空间中，全方位跑步机允许人四处行走漫游，从而创造出更现实的环境。

29. 有机发光半导体（OLED）

一种电流型的有机发光器件，是通过载流子的注入和复合致发光的现象，发光强度与注入的电流成正比。OLED 通常用于电视、计算机显示器、手机和虚拟现实系统。

30. 多边形

在增强现实和虚拟现实中显示的数据的可视化表示。多边形数越高，三维表示效果越好，虚拟现实空间的真实感或沉浸感越强。

31. 本体感觉

人体利用感官输入来定向的能力。本体感觉是指肌、腱、关节等运动器官本身在不同状态（运动或静止）时产生的感觉（例如，人在闭眼时能感知身体各部分的位置）。因位置较深，又称深部感觉。

32. 刷新率

指更新或刷新图像频率的技术规范。

33. 同步定位与地图构建（SLAM）

一种机器人映射方法，机器人从未知环境的未知地点出发，在运动过程中通过重复观测到的地图特征（比如墙角、柱子等）定位自身位置和姿态，再根据自身位置增量式地构建地图，从而达到同时定位和地图构建的目的。有助于定位和渲染虚拟环境。

34. 六自由度（6 DOF）

物体在空间具有 6 个自由度，即沿 x、y、z 这 3 个直角坐标轴方向的移动自由度和绕这 3 个坐标轴的转动自由度。在虚拟现实中，一个具有 6 个自由度的装置可以前后、上下、左右旋转并移动。

35. 真实深度

苹果公司开发的一种技术，利用红外技术来测量和表示三维物体。该系统用于认证以及生成增强现实元素。

36. 引擎

一个用于构建虚拟现实环境的流行平台和 API 库。

37. 用户界面(UI)

计算机设备和人之间的交互点。UI 提供交互所需的输入和输出。

38. 虚拟现实(VR)

虚拟现实是利用设备模拟产生一个虚拟世界,提供给用户关于视觉、听觉等感官的模拟,有十足的“沉浸感”与“临场感”。

参 考 文 献

前言

1. "Virtual Reality Market Size Globally Reach US ＄26.89 Billion by 2022," Zion Market Research. https://globenewswire. com/news-release/2018/08/22/1555258/0/en/Virtual-Reality-Market-Size-Globally-Reach-US-26-89-Billion-by-2022-By-Major-Players-Technology-and-Applications.html.

2. "Consumer AR Revenues to Reach ＄18.8 Billion by 2022," ARtillry, June 19, 2018. https://artillry. co/2018/06/19/consumer-ar-revenues-to-reach-18-7-billion-by-2022/.

3. "Data Point of the Week: 50% More AR Companies in 2018," ARtillry, July 23, 2018. https://artillry.co/2018/07/23/data-point-of-the-week-50-more-ar-companies-in-2018/.

4. "How Can Virtual Reality Plug in to Social Media," Science Friday, February 26, 2016. https://www.sciencefriday.com/segments/how-can-virtual-reality-plug-in-to-social-media/.

第 1 章

1. "View-Master," Wikipedia. https://en.wikipedia.org/wiki/View-Master.

2. Living Wine Labels. https://www.livingwinelabels.com.

3. "IKEA Launches IKEA Place, a New App that Allows People to Virtually Place Furniture in Their Home," IKEA, September 12, 2017. https://www.ikea .com/us/en/about_ikea/newsitem/091217_IKEA_Launches_IKEA_Place.

4. Wikipedia. https://en.wikipedia.org/wiki/Telexistence.

5. Merriam-Webster. https://www. merriam-webster. com/dictionary/augmented%20reality.

6. Merriam-Webster. https://www.merriam-webster.com/dictionary/virtual %20reality.

7. Shannon Selin, "Panoramas: 19th Century Virtual Reality," Shannon Selin: Imagining the Bounds of History. https://shannonselin.com/2016/11/panoramas-19th-century/.

8. "Diorama," Wikipedia. https://en.wikipedia.org/wiki/Diorama.

9. Stanley Grauman Weinbaum, "Pygmalion's Spectacles," Project Gutenberg. https://www.gutenberg.org/files/22893/22893-h/22893-h.htm.

10. "Link Trainer," Encyclopedia Britannica. https://www. britannica. com/technology/Link-Trainer.

11. Stereoscopic Television Apparatus. Free Patents Online. http://www.freepatentsonline.com/2388170.html.

12. Morton Heilig, "Inventor in the Field of Virtual Reality," mortonheilig .com. http://www.mortonheilig.com/InventorVR.html.

13. Morton Heilig, Sensorama Patent. http://www. mortonheilig. com/SensoramaPatent.pdf.

14. "History of Virtual Reality: Where Did It All Begin?" Virtual Reality Guide. http://www.virtualrealityguide.com/history-of-virtual-reality.

15. "Sketchpad: A Man-Machine Graphical Communication System." Internet Archive Wayback machine. https://web. archive. org/web/20130408133119/http://stinet. dtic. mil/cgi-bin/GetTRDoc? AD = AD404549&Location=U2&doc =GetTRDoc.pdf.

16. Ivan E. Sutherland, "The Ultimate Display." http://www8.informatik .umu.se/~jwworth/The%20Ultimate%20Display.pdf.

17. "The Sword of Damocles (virtual reality)," Wikipedia. https://en.wikipedia .org/wiki/The_Sword_of_Damocles_(virtual_reality).

18. Morton Heilig, Experience Theater Patent. http://www.mortonheilig.com/Experience_Theater_Patent.pdf.

19. Heilig.

20. Caroline Cruz-Neira, Daniel J. Sandin, Thomas A. DeFanti, Robert Kenyon, and John C. Hart, "The CAVE: Audio Visual Experience Automatic Virtual Environment," Communications of the ACM 35, no. 6 (June 1992): 64-72.https://dl.acm.org/citation.cfm? doid=129888.129892.

21. "Visbox." http://www.visbox.com/VisCube-models.pdf.

22. "DSTS: First Immersive Virtual Training System Fielded." https://www.army.mil/article/84728/DSTS__First_immersive_virtual_training_system_fielded.

23. DSTS.

24. Mark A. Livingston, Lawrence J. Rosenblum, Dennis G. Brown, Gregory S. Schmidt, Simon J. Julier, Yohan Baillot, J. Edward Swan Ⅱ, Zhuming Ai, and Paul Maassel, "Military Applications of Augmented Reality.". https://www.nrl.navy.mil/itd/imda/sites/www.nrl.navy.mil.itd.imda/files/pdfs/2011_Springer_MilitaryAR.pdf.

25. "Sega VR," YouTube, April 3, 2010. https://www.youtube.com/watch? v=yd98RGxad0U.

26. "Waldern Virtuality," YouTube, October 31, 2016. https://www.youtube .com/watch? v=kw0-IKQJVeg&t=3m9s.

27. "Apple Invents an Augmented Reality Windshield That Will Even Support FaceTime Calls between Different Vehicles," Patently Apple, August 4, 2018. http://www. patentlyapple. com/patently-apple/2018/08/apple-invents -an-augmented-reality-windshield-that-will-even-support-facetime-calls -between-different-vehicles.html.

28. "Mars Immersion: NASA Concepts Bring Precision to New Virtual Reality Experience," NASA, December 16, 2015. https://www.nasa.gov/feature/ nasa-concepts-bring-precision-mars-to-virtual-reality.

29. London College of Communication. https://www.arts.ac.uk/subjects/ animation-interactive-film-and-sound/postgraduate/ma-virtual-reality-lcc .

30. Cole Wilson, "A Conversation with Jaron Lanier, VR Juggernaut," Wired, November 21, 2017. https://www.wired.com/story/jaron-lanier-vr-

interview/.

第 2 章

1. Paul Milgram and Fumio Kishino, "A Taxonomy of Mixed Reality Visual Displays," IEICE Transactions on Information Systems, vol. E77-D, no. 12 (December 1994). http://etclab.mie.utoronto.ca/people/paul_dir/IEICE94/ieice.html.

2. Augment. https://www.augment.com.

3. Vanessa Ho, "Design Revolution: Microsoft HoloLens and Mixed Reality Are Changing How Architects See the Wworld," Microsoft News, June 2017. https://news.microsoft.com/transform/design-revolution-microsoft-hololens-mixed-reality-changing-architects-world/#sm.00000rxwyoih0gem6q2gakhajzadv.

4. DAQRI. https://daqri.com/products/smart-glasses/.

5. Alex Health, "Facebook Says the First Technology to Replace Smartphones Will Be Controlled with Our Brains," Business Insider, April 21, 2017. https://www.businessinsider.com/facebook-smart-glasses-will-be-controlled-with-our-brains-2017-4.

6. "Celebrating 3 Million PS VR Systems Sold," PlayStation Blog. https://blog.us.playstation.com/2018/08/16/celebrating-3-million-ps-vr-systems-sold/.

7. The CAVE Virtual Reality System. https://www.evl.uic.edu/pape/CAVE/.

8. "Virtual Reality Becomes Reality for Engineering Students," March 5, 2018. http://www.lsu.edu/eng/news/2018/03/03-05-18-Virtual-Reality-Becomes-Reality.php.

9. "Virtual Reality Becomes Reality for Engineering Students."

10. "A History of Haptics: Electric Eels to an Ultimate Display," HaptX Blog. https://haptx.com/history-of-haptics-electric-eels-to-ultimate-display/.

11. Beimeng Fu, "Police in China Are Wearing Facial-Recognition Glasses," ABC News. February 8, 2018. http://abcnews.go.com/International/

police-china-wearing-facial-recognition-glasses/story? id=52931801.

12. "SF State Conducting Leading-Edge Research into Virtual Reality," Fitness, August 15, 2017. http://news.sfsu.edu/news-story/sf-state-conducting-leading-edge-research-virtual-reality-fitness.

13. "SF State Conducting Leading-Edge Research into Virtual Reality."

14. Melena Ryzik, "Augmented Reality: David Bowie in Three Dimensions,"New York Times, March 20, 2018. https://www.nytimes.com/interactive/2018/03/20/arts/design/bowie-costumes-ar-3d-ul.html.

15. Graham Roberts, "Augmented Reality: How We'll Bring the News into Your Home." New York Times February 1, 2018. https://www.nytimes.com/interactive/2018/02/01/sports/olympics/nyt-ar-augmented-reality-ul.html.

16. Medical Virtual Reality: Bravemind. http://medvr.ict.usc.edu/projects/bravemind/.

17. Tanya Lewis, "Virtual-Reality Tech Helps Treat PTSD in Soldiers," Live Science, August 8, 2014. https://www.livescience.com/47258-virtual-reality-ptsd-treatment.html.

18. Jonathan Vanian, "8 Crazy Examples of What's Possible in Virtual-Reality," Fortune, March 22, 2016. http://fortune.com/2016/03/22/sony-playstation-vr-virtual-reality/.

第3章

1. Colton M. Bigler, Pierre-Alexandre Blanche, and Kalluri Sarma, "Holographic Waveguide Heads-Up Display for Longitudinal Image Magnification and Pupil Expansion," Applied Optics 7, no. 9 (2018): 2007—2013. https://www.osapublishing.org/ao/ViewMedia.cfm? uri=ao-57-9-2007&seq=0&guid=8e7a4bd9-ac84-3c85-0db7-09016b8c3525&html=true.

2. Augmented Reality Heads Up Display (HUD) for Yield to Pedestrian Safety Cues. Patent US9064420B2, 2015. https://patents.google.com/patent/US9064420B2/en.

3. "Diffractive and Holographic Optics as Optical Combiners in Head

Mounted Displays," UbiComp'13, September 8—12, 2013, Zurich, Switzerland.http://ubicomp.org/ubicomp2013/adjunct/adjunct/p1479.pdf.

4. Meta. https://www.metavision.com.

5. "Intel Vaunt," YouTube, February 13, 2018. https://www.producthunt.com/posts/intel-vaunt.

6. MyScript. https://www.myscript.com.

7. "Augmented Reality Being Embraced by Two-Thirds of Mobile Developers," Evans Data Corporation, October 4, 2017. https://evansdata.com/press/viewRelease.php? pressID=260.

8. "The Real Deal with Virtual and Augmented Reality," Goldman Sachs, February 2016. http://www.goldmansachs.com/our-thinking/pages/virtual-and-augmented-reality.html.

9. "The Real Deal with Virtual and Augmented Reality."

10. Anjul Paney, Joohwan Kim, Marco Salvi, Anton Kaplanyan, Chris Wyman, Nir Benty, Aaron Lefohn, and David Luebke, "Perceptually-Based Foveated Virtual Reality," Proceedings of SIGGRAPH 2016 Emerging Technologies, July 1, 2016. http://research.nvidia.com/publication/perceptually-based-foveated-virtual-reality.

11. Doron Friedman, Christopher Guger, Robert Leeb and Mel Slater, "Navigating Virtual Reality by Thought: What Is It Like?" Presence Teleoperators &Virtual Environments 16, no. 1 (February 2007): 100-110, DOI: 10.1162/pres.16.1.100. https://www.researchgate.net/publication/220089732_Navigating_Virtual_Reality_by_Thought_What_Is_It_Like.

12. Rachel Metz, "Controlling VR with Your Mind," MIT Technology Review, March 22, 2017. https://www.technologyreview.com/s/603896/controlling-vr-with-your-mind/.

13. "How Brain-Computer Interfaces Work," How Stuff Works. https://computer.howstuffworks.com/brain-computer-interface.htm.

14. "Touching the Virtual: How Microsoft Research Is Making Virtual-Reality Tangible," Microsoft Research Blog, March 8, 2018. https://www.microsoft.com/en-us/research/blog/touching-virtual-microsoft-research-mak-

ing-virtual-reality-tangible/.

15. Activated Tendon Pairs in a Virtual Reality Device, United States Patent No. US 2018/0077976, March 22, 2018, p. 1.http://pdfaiw.uspto.gov/.aiw? PageNum = 0&docid = 20180077976&IDKey = C79DD0C718A0&HomeUrl = http://appft.uspto.gov/netacgi/nph-Parser%3FSect1%3DPTO1%2526Sect2%3DHITOFF%2526d%3DPG01%2526p%3D1%2526u%3D%25252Fnetahtml%25252FPTO%25252Fsrchnum.html%2526r%3D1%2526f%3DG%2526l%3D50%2526s1%3D%252522220180077976%252522.PGNR.%2526OS%3DDN/20180077976%2526RS%3DDN/20180077976.

16. HoloSuit Kickstarter page. https://www.kickstarter.com/projects/holosuit/holosuit-full-body-motion-tracker-with-haptic-feed/description.

17. "Google Plans Virtual-Reality Operating System Called Daydream," Wall Street Journal, May 18, 2016. https://www.wsj.com/articles/google-plans-virtual-reality-operating-system-called-daydream-1463598951.

18. "This Treadmill Lets You Walk in Any Direction," Engadget, May 20, 2014. https://www.engadget.com/2014/05/20/this-treadmill-lets-you-walk-in-any-direction/.

19. Virtusphere. http://www.virtusphere.com.

20. "First look at THE VOID," YouTube, May 4, 2015. https://www.youtube.com/watch? time_continue=41&v=cML814JD09g.

21. "Five Awesome VR Experiences to Try in Hong Kong," TimeOut, August 17, 2018. https://www.timeout.com/hong-kong/things-to-do/five-awesome-vr-experiences-to-try-in-hong-kong.

22. Sharif Razzaque, David Swapp, Mel Slater, Mary C. Whitton, andAnthony Steed, "Redirected Walking in Place," EVGE Proceedings of the Workshop on Virtual Environments, 2002. https://www.cise.ufl.edu/research/lok/teaching/dcvef05/papers/rdw.pdf.

23. "Walk on the Virtual Side," How Stuff Works. https://electronics.howstuffworks.com/gadgets/other-gadgets/VR-gear2.htm.

24. Paul Milgram, "A Taxonomy of Mixed Reality Visual Displays," IEICE Transactions on Information Systems, Vol E77-D, no. 12 (December

1994).http://etclab.mie.utoronto.ca/people/paul_dir/IEICE94/ieice.html.

第 4 章

1. Wesley Fenlon, "The Challenge of Latency in Virtual Reality," Adam Savage's Tested, January 4, 2013. http://www. tested. com/tech/concepts/452656-challenge-latency-virtual-reality/.

2. Sajid Surve, "What Is Proprioception?" BrainBlogger, June 9, 2009. http://brainblogger.com/2009/06/09/what-is-proprioception.

3. J. Jerald, J.J. LaViola, R. Marks, Proceedings of SIGGRAPH '17 ACM SIG GRAPH 2017 Courses, Article no. 19, Los Angeles, California, July 30-August 3, 2017.https://dl.acm.org/citation.cfm? id=3084900&dl=ACM&coll=DL.

4. Tom Vanderbilt, "These Tricks Make Virtual Reality Feel Real," Nautilus,January 7, 2016.http://nautil.us/issue/32/space/these-tricks-make-virtual-reality-feel-real.

5. J.L. Souman, L. Frissen, M.N. Sreenivasa, and M.O. Ernst, "Walk-ingStraight into Circles," Current Biology 19, no. 18 (September 29, 2009): 1538-1542, doi: 10.1016/j.cub.2009.07.053, Epub August 20, 2009.https://www.ncbi.nlm.nih.gov/pubmed/19699093.

6. Jason Jerald, "VR Interactions," SIGGRAPH 2017 Course Notes.http://delivery.acm.org/10.1145/3090000/3084900/a19-jerald.pdf? ip=73.37.62. 165&id = 3084900&acc = PPV&key = 4D4702B0C3E38B35%2E4D4702B0C3E38B35%2EA2C613B6141B77EC%2E4D4702B0C3E38B35&__acm__=1534527790_26e3a9f2ae5be8e5d24f016e3bef7208.

7. George ElKoura and Karan Singh, "Handrix: Animating the Human Hand," Eurographics/SIGGRAPH Symposium on Computer Animation (2003). https://www. ece. uvic. ca/~bctill/papers/mocap/ElKoura_Singh_2003.pdf.

8. Benson G. Munyan, Ⅲ, Sandra M. Neer, Deborah C. Beidel, and Florian Jentsch, "Olfactory Stimuli Increase Presence in Virtual Environments," PLoS One, 2016. https://www. ncbi. nlm. nih. gov/pmc/articles/

 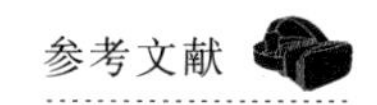

PMC4910977/.

9. Rachel Metz, "Here's What Happens When You Add Scent to Virtual Reality," MIT Technology Review, January 31, 2017.https://www.technologyreview.com/s/603528/heres-what-happens-when-you-add-scent-to-virtual-reality/.

10. http://feelreal.com.

11. Digital Lollipop. http://nimesha.info/lollipop.html#dtl.

12. http://nimesha.info.

13. Mark R. Mine, A. Yoganandan, and D. Coffey, "Principles, Interactions and Devices for Real-World Immersive Modeling," Computers & Graphics \29 (March 2015).https://www.researchgate.net/publication/273398982_Principles_interactions_and_devices_for_real-world_immersive_modeling.

14. Neurable. http://www.neurable.com/about/science/neurable.

15. Paul Debevec, Senior Researcher, "Experimenting with Light Fields: Google AR and VR," Google VR, March 14, 2018. https://www.blog.google/products/google-vr/experimenting-light-fields/.

16. Jonathan Steuer, "Defining Virtual Reality: Dimensions Determining Telepresence," Journal of Communication, December 1992.https://onlinelibrary.wiley.com/doi/abs/10.1111/j.1460-2466.1992.tb00812.x.

第 5 章

1. Rachel Ann Sibley, "Trace3," Vimeo. https://vimeo.com/268744283.

2. Chelsea Ekstrand, Ali Jamal, Ron Nguyen, Annalise Kudryk, Jennifer Mann, and Ivar Mendez, "Immersive and Interactive Virtual Reality to Improve Learning and Retention of Neuroanatomy in Medical Students: A Randomized Controlled Study." http://cmajopen.ca/content/6/1/E103.full.

3. Jacqueline Wilson, "Is Virtual Reality the Future of Learning? A New Study Suggests So," Global News Canada, March 22, 2018.https://globalnews.ca/news/4099122/virtual-reality-learning-study-cmaj-university-saskatchewan/.

4. Erik Krokos, Catherine Plaisant, and Amitabh Varshey, "Virtual Memory Palaces: Immersion Aids Recall," Journal of Virtual Reality, ..May

16, 2018.https://link.springer.com/article/10.1007%2Fs10055-018-0346-3.

5. Washington Leadership Academy. http://www. washingtonleadershipacademy.org/about/founding-story.

6. "2015 Training Industry Report," Training Magazine.https://trainingmag.com/trgmag-article/2015-training-industry-report.

7. Sara Castellanos, "Rolls-Royce Enlists Virtual Reality to Help Assemble Jet Engine Parts," Wall Street Journal, September 21, 2017. https://blogs. wsj. com/cio/2017/09/21/rolls-royce-enlists-virtual-reality-to-help-assemble-jet-engine-parts/.

8. "Virtual Reality Basketball Could Be Future of Sports Broadcasting," SanFrancisco Chronicle, April 5, 2017. https://www. sfchronicle. com/business/article/Virtual-reality-basketball-could-be-future-of-11053308.php.

9. Crew Schiller, "Curry's Personal Trainer Working on 'Developing a Three Minute Pregame Virtual Reality Drill.'" NBC Sports, June 14, 2018. https://www. nbcsports. com/bayarea/warriors/currys-personal-trainer-working-developing-three-minute-pregame-virtual-reality-drill.

10. Al Sacco, "Google Glass Takes Flight at Boeing," CIO Magazine, July 13, 2016. https://www. cio. com/article/3095132/wearable-technology/google-glass-takes-flight-at-boeing.html.

11. Deniz Ergürel, "How Virtual Reality Transforms Engineering," Haptical, October 14, 2016. https://haptic. al/virtual-reality-engineering-bd366c892583.

12. DAQRI. https://daqri.com.

13. "93 Incredible Pokemon Go Statistics and Fact," DMR Business Statistics, August 2018. https://expandedramblings. com/index. php/pokemon-go-statistics/.

14. Paul Sawers, "Virtual Reality Movie Theaters Are Now a Thing," Venture Beat, March 5, 2016. https://venturebeat. com/2016/03/05/virtual-reality-movie-theaters-are-now-a-thing/.

15. "Tokyo Cinemas to Show Virtual Reality Films for First Time," Agencia EFE, June 26, 2018. https://www. efe. com/efe/english/life/tokyo-

cinemas-to-show-virtual-reality-films-for-first-time/50000263-3662112.

16. Ben Pearson, "Paramount Has Created a Completely Virtual Movie Theater: Is This a Game Changer?" Film, November 17, 2017.https://www.slashfilm.com/virtual-reality-movie-theater/.

17. "AltspaceVR Releases New Worlds and Custom Building Kits," AltspaceVR Blog. August 8, 2018. https://altvr. com/altspacevr-releases-worlds/.

18. Statistica: The Statistics Portal.https://www.statista.com/statistics/499694/forecast-of-online-travel-sales-worldwide/.

19. "Marriott Hotels Introduces the First Ever In-Room Virtual Reality Travel Experience," Marriott News Center. September 9, 2015.http://news.marriott . com/2015/09/marriott-hotels-introduces-the-first-ever-in-room-virtual-reality-travel-experience/.

20. Chris Morris, "10 Industries Rushing to Embrace Virtual Reality," CNBC, December 1, 2016. https://www. cnbc. com/2016/12/01/10-industries-rushing-to-embrace-virtual-reality-.html#slide=8.

21. Smithsonian Journeys Venice.https://www.oculus.com/experiences/rift/1830344467037360/.

22. Nikhloai Koolon, "Gatwick's Augmented Reality Passenger App Wins Awards," VR/focus, May 19, 2018. https://www. vrfocus. com/2018/05/gatwick-airportsaugmented-reality-passenger-app-wins-awards/.

23. "CNNVR Launches on Oculus Rift," CNN, March 15, 2018.http://cnnpressroom.blogs.cnn.com/2018/03/15/cnnvr-launches-on-oculus-rift/.

24. Dan Robitzski, "Virtual Reality and Journalistic Ethics: Where Are the Lines?" UnDark, September 27, 2017.https://undark.org/article/virtual-reality-and-journalistic-ethics-where-are-the-lines/.

25. Paul Strauss, "Mini Augmented Reality Ads Hit Newsstands," Technabob, December 17, 2008. https://technabob. com/blog/2008/12/17/mini-augmented-reality-ads-hit-newstands/.

26. Ann Javornik, "The Mainstreaming of Augmented Reality: A Brief History," Harvard Business Review, October 4, 2016.https://hbr.org/2016/

10/the-mainstreaming-of-augmented-reality-a-brief-history.

27. Sephora Virtual Artist.https://sephoravirtualartist.com/landing_5.0.php?country=US & lang=en&x= &skintone= ¤tModel=.

28. Matterport. https://matterport.com.

29. Systems and Methods for a Virtual Reality Showroom with AutonomousStorage and Retrieval, United States Patent and Trademark Office, August 16.http://pdfaiw.uspto.gov/.aiw? docid=20180231973&SectionNum=1&IDKey = 97E3E0213BD5&HomeUrl = http://appft. uspto. gov/netacgi/nph-Parser? Sect1=PTO1%2526Sect2=HITOFF%2526d=PG01%2526p=1%2526u=/netahtml/PTO/srchnum.html%2526r=1%2526f=G%2526l=50%2526s1=20180231973%2526OS=%2526RS=.

30. “Lowe's Next-Generation VR Experience, Holoroom How To, Provides On-Demand DIY Clinics for Home Improvement Learning,” March 7, 2017.https://newsroom.lowes.com/news-releases/holoroom-how-to/.

31. Issy Lapowsky, “The Virtual Reality Sim That Helps Teach Cops When to Shoot,” Wired, March 30, 2015.https://www.wired.com/2015/03/virtra/.

32. Katie King, “Juries of the Future Could Be ‘Transported’ to Crime Scenes Using Virtual Reality Headsets,” Legal Cheek, May 24, 2016. https://www. legalcheek. com/2016/05/juries-of-the-future-could-be-transported-to-crime-scenes-using-virtual-reality-headsets/.

33. Megan Molteni, “Opioids Haven't Solved Chronic Pain. Maybe Virtual Reality Can,” Wired. November 2, 2017. https://www. wired. com/story/opioids-havent-solved-chronic-pain-maybe-virtual-reality-can/.

34. “An Augmented View,” University of Maryland, October 12, 2016. https://www.youtube.com/watch? v=yDTjCYtr_4Y.

35. AccuVein. https://www.accuvein.com.

36. Surgical Theater. http://www.surgicaltheater.net.

37. Precision Virtual Reality. https://www. gwhospital. com/conditions-services/surgery/precision-virtual-reality.

38. The Virtual Reality Medical Center. http://vrphobia.com.

39. "Entering Molecules," Medicine Maker, November 2016. https://themedicinemaker.com/issues/1016/entering-molecules/

40. Presley West, "How VR Can Help Solve Dementia," VR Scout, September 19, 2017.https://vrscout.com/news/vr-dementia/.

41. "Virtual Reality May Help Students Experience Life with DementiaFirst Hand," ScienceDaily, July 23, 2018.https://www.sciencedaily.com/releases/2018/07/180723142811.htm.

42. Tanya Lewis, "Virtual-Reality Tech Helps Treat PTSD in Soldiers," Live Science, August 8, 2014.https://www.livescience.com/47258-virtual-reality-ptsd-treatment.html.

43. Don Kramer, "New Simulators Get Stryker Drivers Up to Speed," US Army, April 27, 2007.https://www.army.mil/article/2881/new_simulators_get_stryker_drivers_up_to_speed.

44. Brian Feeney, "Army's Augmented Reality Demo a Real Hit at the US Senate," US Army, November 16, 2016.https://www.army.mil/article/178491/armys_augmented_reality_demo_a_real_hit_at_the_us_senate.

45. Claudui Romeo,"This Is the VR Experience the British Army Is Using as a Recruitment Tool," Business Insider, May 28, 2017.http://www.businessinsider. com/british-army-virtual-reality-experience-recruitment-tool-challenger-tank-visualise-2017-5? r=UK&IR=T.

46. Kristen French, "This Pastor Is Putting His Faith In a Virtual Reality Church," Wired, February 2, 2018. https://www. wired. com/story/virtual-reality-church/.

47. Miranda Katz, "Augmented Reality Is Transforming Museums," Wired. April 23, 2018.https://www.wired.com/story/augmented-reality-art-museums/.

第 6 章

1. Robert Strohmeyer, "The 7 Worst Tech Predictions of All Time," PC World.https://www.pcworld.com/article/155984/worst_tech_predictions.html.

2. Strohmeyer, "The 7 Worst Tech Predictions of All Time.".

3. Experience on Demand. What Virtual Reality Is, How It Works, and What It Can Do (W.W. Norton & Co. 2018), chapter 2.

4. "Health and Safety Warnings." Oculus. https://www.oculus.com/legal/health-and-safety-warnings/.

5. Simon Worrall, "How Virtual Reality Affects Actual Reality," National Geographic, February 11, 2018. https://news.nationalgeographic.com/2018/02/virtual-reality-helping-nfl-quarterbacks--first-responders/.

6. Jeremy Bailenson, Experience on Demand: What Virtual Reality Is, How It Works, and What It Can Do, Kindle Locations 1146-1150 (W. W. Norton & Co.), Kindle Edition.

7. Bailenson, Experience on Demand, Kindle Locations 1121-1122.

8. Arielle Michal Silverman, "The Perils of Playing Blind: Problems with Blindness Simulation and a Better Way to Teach about Blindness," Journal of Blindness Innovation and Research 5 (2015).

9. Bailenson, Experience on Demand, Kindle Locations 1161-1162.

10. Bailenson, Experience on Demand, Kindle Locations 1191-1195.

11. "Uncanny Valley," Wikipedia. https://en.wikipedia.org/wiki/Uncanny_valley.

12. Craig Silverman and Jeremy Singer-Vine, "Most Americans Who See Fake News Believe It, New Survey Says," Buzzfeed News, December 6, 2016. https://www.buzzfeed.com/craigsilverman/fake-news-survey? utm_term=.laP5xgNB2#.fagOgkyxEs.

13. "Violence in the Media," American Psychological Association. http://www.apa.org/action/resources/research-in-action/protect.aspx.

14. C. A. Anderson, Nobuko Ihori, B. J. Bushman, H. R. Rothstein, A. Shibuya, E. L. Swing, A. Sakamoto, and M. Saleem, "Violent Video Game Effects on Aggression, Empathy, and Prosocial Behavior in Eastern and Western Countries: A Meta-Analytic Review," Psychological Bulletin 126, no. 2 (2010).

15. Patrick M. Markey and Christopher J. Ferguson, Moral Combat:

Why the War on Violent Video Games Is Wrong (BenBella Books, 2017).

16. Joe Dawson, "Who Is That? The Study of Anonymity and Behavior," Association for Psychological Science, April 2018. https://www.psychologicalscience.org/observer/who-is-that-the-study-of-anonymity-and-behavior.

17. L. Stinson and W. Ickes, "Empathic Accuracy in the Interactions of Male Friends versus Male Strangers," Journal of Personality and Social Psychology 62, no. 5 (1992): 787-797. http://dx.doi.org/10.1037/0022-3514.62.5.787.

18. Stéphane Bouchard, Julie St-Jacques, Geneviève Robillard and Patrice Renaud, "Anxiety Increases the Feeling of Presence in Virtual Reality," Presence: Teleoperators and Virtual Environments, 2008. https://www.mitpressjournals.org/doi/abs/10.1162/pres.17.4.376.

19. David M. Hoffman, Ahna R. Girshick, Kurt Akeley, and Martin S. Banks, "Vergence-Accommodation Conflicts Hinder Visual Performance and Cause Visual Fatigue," US National Library of Medicine, National Institutes of Health, 2008. https://www.ncbi.nlm.nih.gov/pmc/articles/PMC2879326/.

20. "Physical and Mental Effects of Virtual Reality," Tempe University Fox School of Business, 2016. http://community.mis.temple.edu/mis4596sec001s2016/2016/03/16/negative-physical-and-mental-affects-of-virtual-reality/.

21. Sarah Griffiths, "Physical and Mental Effects of Virtual Reality: Could Oculus Rift KILL you? Extreme Immersion Could Become So Scarily Realistic It May Trigger Heart Attacks, Expert Warns," Daily Mail.com, August 26, 2014. https://www.dailymail.co.uk/sciencetech/article-2734541/Could-Oculus-Rift-KILL-Extreme-immersion-scarily-realistic-trigger-heart-attacks-expert-warns.html.

22. Damon Brown, Porn & Pong: How Grand Theft Auto Tomb Raider and Other Sexy Games Changed Our Culture (Feral House, 2008), p. 21.

23. Ashcroft v. Free Speech Coalition, OLR Research Report, May 3, 2002. https://www.cga.ct.gov/2002/rpt/2002-R-0491.htm.

24. The Nether: A Play. https://www.amazon.com/dp/B00UPW4GOO?

ref_=k4w_embed_details_rh&tag=bing08-20&linkCode=kpp.

25. Olivia Solon, "Cybercriminals Launder Money Using In-Game Currencies," Wired, October 21, 2013. https://www.wired.co.uk/article/money-laundering-online.

26. Mark A. Lemley and Eugene Volokh, "Virtual Reality, and Augmented Reality," Law (February 27, 2018); University of Pennsylvania Law Review \166 (2018); forthcoming; Stanford Public Law Working Paper no. 2933867;\UCLA School of Law, Public Law Research Paper no. 17-13. https://ssrn. com/\ abstract = 2933867or http://dx. doi. org/10. 2139/ssrn. 2933867.

27. Lemley and Volokh, p. 9.

28. Lemley and Volokh, "Virtual Reality, and Augmented Reality," p. 10.https://ssrn.com/abstract=2933867 or http://dx.doi.org/10.2139/ssrn. 2933867.

29. Jacqueline C. Campbell, "Physical Consequences of Intimate PartnerViolence," 359The Lancet 1331 (2002).

30. Tobias can Schneider, "The Post Virtual Reality Sadness," Medium, November 7, 2016. https://medium.com/desk-of-van-schneider/the-post-virtual-reality-sadness-fb4a1ccacae4.

31. Frederick Aardema, Sophie Cote, and Kieron O'Connor, "Effects of Virtual Reality on Presence and Dissociative Experience," CyberPsychology & Behavior 9 (2006): 653-653. https://www. researchgate. net/publication/278206370_Effects_of_virtual_reality_on_presence_and_dissociative_experience.

32. Katie Hunt, "Man Dies in Taiwan after 3-Day Online Gaming Binge," CNN, January 19, 2015. https://edition. cnn. com/2015/01/19/world/taiwan-gamer-death/index.html.

33. Graham Reddick, "Chinese Gamer Dies after Playing World of Warcraft for 19 Hours," Telegraph, March 4, 2015.https://www.telegraph.co.uk/technology/11449055/Chinese-gamer-dies-after-playing-World-of-Warcraft-for-19-hours.html.

34. "Side Effects: Death Caused by Video Game Addiction," Deccan Chronicle, January 10, 2016.https://www.deccanchronicle.com/150908/technology-latest/article/side-effects-deaths-due-caused-video-game-addiction.

35. World Health Organization (WHO). ICD-11. 6C51. Gaming Disorder. https://icd.who.int/dev11/l-m/en#/http%3a%2f%2fid.who.int%2ficd%2fentity%2f1448597234.

36. Michael Madary and Thomas K. Metzinger, "Real Virtuality: A Code of Ethical Conduct. Recommendations for Good Scientific Practice and the Consumers of VR-Technology," Frontiers in Robotics and AI, February 19, 2016. https://www.frontiersin.org/articles/10.3389/frobt.2016.00003/full.

37. Michael Madary and Thomas K.Metzinger, "Virtual Reality Ethics," LS: N Global, April 4, 2016. https://www.lsnglobal.com/opinion/article/19360/madary-and-metzinger-virtual-reality-ethics.

38. Albert "Skip" Rizzo, Maria T. Schultheis and Barbara O. Rothbaum, "Ethical Issues for the Use of Virtual Reality in the Psychological Sciences," EthicalIssues in Clinical Neuropsychology (Swets & Zeitlinger, 2003), 243-280. http://www.virtuallybetter.com/af/documents/VR_Ethics_Chapter.pdf.

39. Albert "Skip" Rizzo, Maria T. Schultheis and Barbara O. Rothbaum, "Ethical Issues for the Use of Virtual Reality in the Psychological Sciences," Ethical Issues in Clinical Neuropsychology (Swets & Zeitlinger, 2003), 243-280. http://www.virtuallybetter.com/af/documents/VR_Ethics_Chapter.pdf.

第 7 章

1. "Are You Interested in Virtual Reality?" Statistica: The Statistic Portal, 2015. https://www.statista.com/statistics/456812/virtual-reality-interest-in-the-united-states-by-age-group/.

2. Abigail Geiger, "How Americans Have Viewed Government Surveillance and Privacy since Snowden Leaks." Pew Research Center, June 4, 2018. http://www.pewresearch.org/fact-tank/2018/06/04/how-americans-have-viewed-government-surveillance-and-privacy-since-snowden-leaks/.

3. Pew Research Center, "Americans and Cybersecurity," January 26,

2017. http://www. pewinternet. org/2017/01/26/1-americans-experiences-with-data-security/# roughly-half-of-americans-think-their-personal-data-are-less-secure-compared-with-five-years-ago.

4. Will Mason, "Oculus 'Always On' Services and Privacy Policy May Be a Cause for Concern," Upload, April 1, 2016.https://uploadvr.com/facebook.

5. Adi Robertson, "Oculus Is Adding a 'Privacy Center' to Meet EU Data Collection Rules," The Verge, April 19, 2018. https://www. theverge. com/2018/4/19/17253706/oculus-gdpr-privacy-center-terms-of-service-update.

6. Michael Madary and Thomas K. Metzinger. "Real Virtuality: A Code of Ethical Conduct. Recommendations for Good Scientific Practice and the Consumers of VR-Technology," Johannes Gutenberg, Universität Mainz, Mainz, Germany, February 19, 2016. https://www. frontiersin. org/articles/10.3389/frobt.2016.00003/full.

7. "How Can Virtual Reality Plug in to Social Media? Interview with Jeremy Bailenson," Science Friday, February 2, 2016. https://www. sciencefriday.com/segments/how-can-virtual-reality-plug-in-to-social-media/.

8. Her. Warner Bros. https://www.warnerbros.com/her.

9. Gunwood Yoon and Patrick T. Vargas, "Know Thy Avatar: The Unintended Effect of Virtual-Self Representation on Behavior," Association for Psychological Science, February 5, 2014. http://journals. sagepub. com/doi/abs/10.1177/0956797613519271? journalCode=pssa.

10. Tabitha C. Peck, Sofia Seinfeld, Salvatore M. Aglioti, and Mel Slater, "Putting Yourself in the Skin of a Black Avatar Reduces Implicit Racial Bias," Consciousness and Cognition 22, no. 3 (September 2013): 779-787.https://www.sciencedirect.com/science/article/pii/S1053810013000597.

11. Somewhere Else x Adidas: Delicatessen VR (Trailer).https://www.youtube.com/watch? time_continue=52&v=-1yhQF-rwi4.

12. "Coca Cola Virtual Reality for Christmas," YouTube.https://www.youtube.com/watch? v=bTbfPALVQgs.

扩展阅读

Alter，Adam. Irresistible：The Rise of Addictive Technology and the Business of Keeping Us Hooked. Penguin Books，2018.

Bailenson，Jeremy. Experience on Demand：What Virtual Reality Is，How It Works，and What It Can Do. Jeremy. W.W. Norton & Company，2018.

Bucher，John. Storytelling for Virtual Reality. Routledge，2017.

Carr，Nicholas. The Shallows：What the Internet Is Doing to Our Brains. W. W.Norton & Company，2011.

Ceruzzi，Paul E. Computing：A Concise History. MIT Press，2012.

Ewalt，David. Defying Reality：The Inside Story of the Virtual Reality Revolution. Blue Rider Press. 2018

Fink，Charlie. Charlie Fink's Metaverse—An AR Enabled Guide to AR & VR. Cool Blue Media，2018.

Frankish，Keith. The Cambridge Handbook of Artificial Intelligence. Cambridge University Press，2014.

Greengard，Samuel. The Internet of Things. MIT Press，2015.

Grimshaw，Mark. The Oxford Handbook of Virtuality. Oxford University Press，2013.

Jones，Lynette. Haptics. MIT Press，2018.

Kline，Earnest. Ready Player One，Earnest，Broadway Books，2012.

Kromme，Christian. Humanification：Go Digital，Stay Human. The Choir Press，2017.

Kurzweil，Ray. How to Create a Mind：The Secret of Human Thought

Revealed.Penguin Books, 2012.

Lanier, Jaron. Dawn of the New Everything: Encounters with Reality and Virtual Reality. Henry Holt and Co., 2017.

Lanier, Jaron. Who Owns the Future? Simon & Schuster, 2013.

Markey, Patrick M. and Ferguson, Christopher J. Moral Combat: Why the War on Violent Video Games Is Wrong. BenBella Books, 2017.

Metzinger, Thomas. The Ego Tunnel: The Science of the Mind and the Myth of the Self. Basic Books, 2010.

Papagiannis, Helen. Augmented Human: How Technology Is Shaping the New Reality. O'Reilly Media, 2017.

Rheingold, Howard. Virtual Reality: The Revolutionary Technology of ComputerGenerated Artificial Worlds-And How It Promises to Transform Society. Simon & Schuster, 1991.

Rubin, Peter. Future Presence: How Virtual Reality Is Changing Human Connection, Intimacy, and the Limits of Ordinary Life. HarperOne, 2018.

Turkle, Sherry. Alone Together: Why weExpect More from Technology and Less from Each Other. Basic Books, 2017.

Weinbaum, Stanley G. Pygmalion's Spectacles. Project Gutenberg, 2007

Wiener, Norbert. Cybernetics, Second Edition: or the Control and Communication in the Animal and the Machine. Martino Fine Books, 2013.

Williamson, Roland. A Virtual Agent in A Virtual World: A Brief Overview of Thomas Metzinger's Account of Consciousness. Amazon Digital Services LLC, 2017.